趣奇生物研究所

狡猾的生物

〔日〕今泉忠明 编

〔日〕森松辉夫 绘

郑鑫瑜 译

CTS K 湖南科学技术出版社·长沙

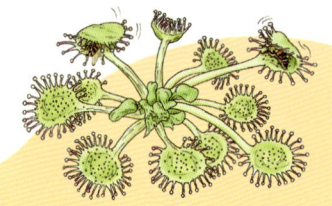

前言

《狡猾的生物》第 2 册问世了。在这一册里将为大家介绍升级版的狡猾生物。

它们真是既狡猾又厉害。我们会介绍一些生物的生活状态，让你发出"咦，还能有这种操作？"的感叹。

在本书中，我们对生物狡猾的一面进行了积极评价。当然，这其中有过于厉害、让人觉得"恐怖又过分"的生物，有的也并非如此。

一般来说，所有生物都很"狡猾"。因为生物都要靠捕食或利用其他生物来达到生存的目的。不进行攻击，就只有死路一条。即使是人类，也会以牛、猪、鸡等为食，会骑马旅行，会因为蚊子咬人就蛮不讲理地杀死它们。

　　不狡猾的生物是不存在的。但只有人类有狡猾的认知，其他生物则没有，它们只知道拼尽全力活下去。

　　有一种蜘蛛会拟态成漂亮的花朵并埋伏起来，它们会吃掉将自己误认为是花朵而靠近的蜜蜂。这种行为，总让人感觉有些卑鄙呢。但是，反过来看，也可以说，真妙，它们居然能够模仿到如此地步。

　　在本书中，我们从两方面对生物加以描述，即狡猾与厉害。所有的生物如果不狡猾就没办法生存下去。它们的生存技能越高超，狡猾中就越添几分厉害。这些有趣的地方请在书中寻找吧。生存在这个世界上的所有生物都是既厉害又有点狡猾的。

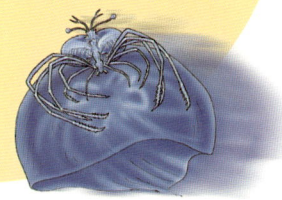

目录

什么是"狡猾"？   1

第 1 章　狡猾又可爱的哺乳动物

雌狮子集体养育幼崽，有些会欺负同伴的孩子   6

非洲野犬精明地利用野猪的洞穴来狩猎   8

豹将猎物带到树上，却总是不小心弄掉   10

郊狼是"草原清扫机"，到处捡食物   12

狐獴听到同伴惊恐的叫声会立马逃走   14

老虎利用迷彩花纹作掩护，却被乌鸦揭穿   16

红毛猩猩居然能翻越围墙成功逃走   18

棕熊会因为自己吃剩扔掉的猎物被捡走而暴怒 20

长颈鹿和斑马关系不好却互相利用 22

雌北海狗对打架输了的雄性超冷淡 24

星鼻鼹用鼻子反复敲打地面逼出蚯蚓 26

海豚会偷听同伴声音来判断周围状况 28

大熊猫黑白相间的颜色对天敌来说是危险信号 30

非洲艾鼬突然释放强烈恶臭味液体从而逃脱 32

貉是装死还是装睡？可能只是被吓住了 34

专栏　大草原法则 36

第 2 章　狡猾又聪明的鸟类

长尾娇鹟的幼鸟偷学成鸟的舞蹈技术，也只是陪衬 40

渡鸦拉帮结伙地从狼口中夺取猎物 42

白尾海雕明明很强悍却抢丹顶鹤的食物 44

金雕雏鸟会把比自己后出生的兄弟从窝里推下来　46

鸵鸟幼崽不认自己打架输了的爸爸　48

中贼鸥像盗贼一样从水鸟嘴里抢鱼　50

麻雀竟然敢在苍鹰的巢下筑巢　52

雌黑额织雀如果不喜欢雄鸟制作的巢穴，就会拒绝它　54

旋木雀只要不动就无法和树干区分开　56

把黑鸢变成爱抢夺东西的盗贼的是人类　58

雌普通燕鸥贪婪地收取雄性求爱的小鱼，却甩掉对方　60

褐鲣鸟紧跟其他鸟类，偷学飞行和狩猎方法　62

黑眉信天翁常"捡"虎鲸的残羹剩饭　64

雌彩鹬把孩子交给雄性抚养，自己却拈花惹草　66

专栏　亲子间的羁绊　68

第 3 章　狡猾又奇怪的鱼和爬行动物

海参看上去不会走路，实际边走路边捕猎　　　　　72

鲨鱼只是将冲浪者当成海豹才开展袭击　　　　　74

火珊瑚容易被误认为是珊瑚，其实它更有毒　　　76

裸躄鱼酷似海藻，把凑过来的小鱼一口吃掉　　　78

掠食海鞘只要张开"嘴巴"等待，就能收获猎物　80

小河豚居然没有毒　　　　　　　　　　　　　　82

大西洋海神海蛞蝓很漂亮，实际是盗取毒素的小偷　84

"水母骑士"厚脸皮地利用完水母后，都会吃掉它　86

丝鳍圆天竺鲷幼鱼利用海胆保护自己，却不给回报　88

花纹细螯蟹随意使唤海葵，却是在帮助它　　　　90

科莫多巨蜥遇到困难撒腿就跑　　　　　　　　　92

钓鱼蛇鼻头上的突起可以让它瞬间捕获猎物　　　94

专栏　强者的身体就是资本　　　　　　　　　96

第 4 章　狡猾又恐怖的昆虫

蚁蛛假扮成蚂蚁以避开天敌　　　　　　　　　　　　　100

桑氏平头蚁挤破自己的肚子来攻击敌人　　　　　　　102

瓢虫被袭击后会装死　　　　　　　　　　　　　　　104

日本四点象天牛不只会装死，还会玩消失　　　　　　106

雌黑丽翅蜻为了躲避雄性骚扰而变色　　　　　　　　108

马尾茧蜂在天牛的蛹上产卵，将它作为自己孩子的食物　110

六齿青蜂在胡蜂的巢中产卵，还要霸占整个巢穴　　　112

黑卵蜂长得很可爱，却寄生在蜘蛛卵上　　　　　　　114

蜡蝉头上的"锯子"看上去很酷，其实连树叶都切不断　116

弓足梢蛛伪装成花朵等待猎物到来　　　　　　　　　118

兰花螳螂伪装成花朵瞬间捕获不知情的猎物　　　　　120

柑橘凤蝶幼虫长得太像鸟屎从而骗过了鸟儿　　　　　122

白蚁女王释放性抑制激素以阻止工蚁长大　　　　　　124

专栏　身体会变色的真相　　　　　　　　　　　126

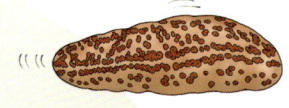

第 5 章　食肉植物的狡诈伎俩

马兜铃利用苍蝇授粉，有时却将它杀死　　　　　130

捕蝇草叶片在连续两次触碰后会瞬间闭合　　　　132

圆叶茅膏菜散发香甜气味来诱捕虫子　　　　　　134

巨型猪笼草用好闻的气味招引猎物　　　　　　　136

貉藻看似在水中优雅起舞，捕食猎物却毫不手软　138

专栏　没有意识　　　　　　　　　　　　　　140

第 6 章　病毒果然很狡猾

病毒进入动物细胞后会起死回生　　　　　　　　144

蝙蝠感染埃博拉病毒没事，人感染就容易死亡　　146

新型冠状病毒通过人传人得以存活　　　　　　　148

流感病毒变异很快，应对难度有点大　　　　　　150

拟菌病毒居然和细菌一般大   152

诺如病毒个头很小，感染性却很强   154

专栏 也存在有益的病毒   156

后记   160

什么是"狡猾"?

在《狡猾的生物》第 1 册中，我们主要围绕共生、偏利共生、寄生讲解了生物的生活状态。共生是像海葵和小丑鱼那样，通过相互帮助得以生存的生物关系。

小丑鱼在海葵的掩护下躲避天敌，还会帮海葵赶走前来吃它们的鱼类。生物之间像这样以互助的方式生活在一起的现象叫作共生。

在瓢虫身上寄生的蜂茧

1

伪装成扁口鱼的拟态章鱼

偏利共生是只对一方有好处，对另一方既没有损失也没有好处的关系。就像鲨鱼和鮣鱼那样，鮣鱼可以得到鲨鱼吃剩的食物，而鲨鱼却得不到好处。

寄生则是一方获益，另一方只有损失的关系。病毒就是这样。一旦病毒侵入人体细胞，它们就会繁殖，而人会生病。这是一方通过伤害另一方得以生存的关系。

第 1 册中，主要介绍了以寄生关系生存的狡猾的生物。

我们在前言中也提到，觉得生物"狡猾"的是人类，觉得它们"厉害"的也是人类。除了人类，其他生物不会有狡猾或厉害的感知。

拟态是让人觉得狡猾又厉害的一种情况。所谓拟态就是假扮成另一种生物的样子。有一种蚁蛛，会假扮成蚂蚁的样子。还有一种蜘蛛叫三突伊氏蛛，会假扮成花朵的样子。当然，有拟态行为的不只是蜘蛛，还有假扮成花的螳螂和假扮成各种水中生物的章鱼。

但是，这里虽然写的是"假扮"，其实并非是"假扮"。它们正是因为长成那样，才得以生存下来，并非有意识地扮演其他生物。

有些一点也不显眼的生物存活下来，因为它们的遗传基因导致它们变得很像叶子。

另外，万物之间都存在某种联系。这其中既有双赢的共生形式，也有像寄生这种给一方添麻烦的形式。

但是，像蚊子这样给人类添麻烦的生物也有对我们有利的地方。它们的幼虫孑孓会帮我们清理污水。

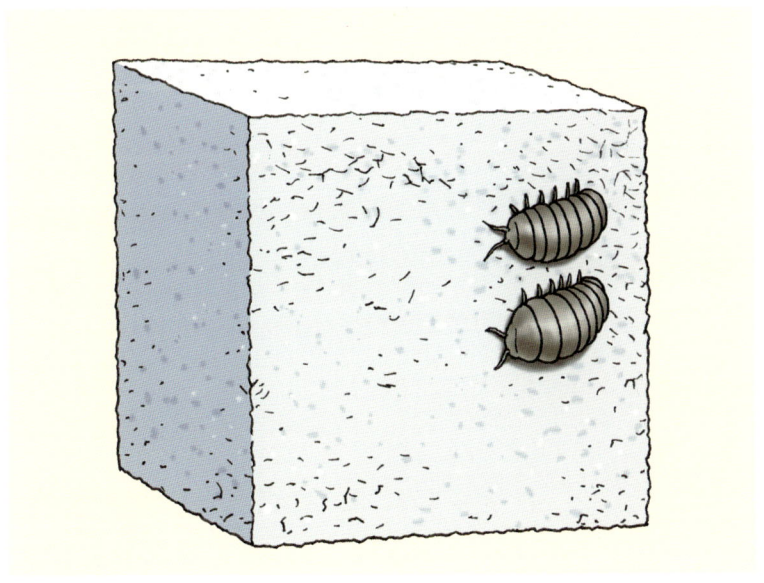

吃水泥的鼠妇

你们知道鼠妇吗？它们会啃食水泥，所以被人类认为是害虫而受到驱逐。但是鼠妇曾经因为可以净化土壤而被人类所珍惜。如果从更广阔的视角来看，所有生物都是彼此联系、相互扶持的。

前言中我们提到，所有生物都是狡猾的。说到狡猾，无非是利用他人谋得自己的利益。但是，所有生物都是这样活下来的。生物就是狡猾的。所以，即使有三分惊奇、三分气愤，也请用温柔的心情来了解这些狡猾的生物吧。

第 1 章

哺乳动物的狡猾是透着可爱的，以至于我们一不留神就接受了这样的它们。它们是那么可爱、聪明又狡猾。

狡猾又可爱的哺乳动物

雌狮子集体养育幼崽，有些会欺负同伴的孩子

生物信息

名字：狮子（*Panthera leo*）

分类：哺乳纲猫科

栖息地：非洲、印度的稀树草原

大小：体长1.4～2.5米

几乎所有的猫科动物都是独自狩猎、独自生活的。但也有像狮子这样罕见的集体狩猎、集体养育幼崽的例子。

成年雌狮负责狩猎，但

是如果所有雌狮都出门狩猎，就只剩下幼崽，因此总会有一头雌狮在家负责照顾幼崽。

　　可是，这其中也有狡猾的雌狮。当自己讨厌的雌狮外出狩猎不在幼崽身边的时候，它就会欺负那些幼崽。人类也有趁老师不在欺负同学的小朋友，狮子又何尝不是呢？

非洲野犬精明地利用野猪的洞穴来狩猎

犬科动物中有很多是集体狩猎的，非洲野犬就是其中的代表。

非洲野犬擅长集体行动并围攻猎物。它们很机灵，当幼崽在身边的时候，会直接利用野猪或土豚挖好的洞

生物信息

名字：非洲野犬（*Lycaon pictus*）
分类：哺乳纲犬科
栖息地：非洲南部的稀树草原
大小：体长75～110厘米

有一个大小刚刚好的洞穴呢！

野猪挖的洞穴

穴，在近水处安营扎寨。

　　一些成年非洲野犬会留下来照看幼崽，其他的则负责狩猎。

　　非洲野犬的狩猎手法非常激烈。多只非洲野犬一起撕咬角马等猎物的鼻尖、后蹄及侧腹，导致其大出血。然后，它们会趁猎物还活着的时候吃掉其富含维生素的内脏，再把猎物的肉储存在自己的胃里给幼崽们带回去。

豹将猎物带到树上，却总是不小心弄掉

豹是大型猫科动物中非常善于攀爬的。如果它们把捕获的猎物带到树上，猎物就不会再被其他食肉动物带走了。

另外，由于长着豹纹，豹可以轻而易举地在森林或草原中隐身。它们通过将身体隐藏起来，悄无声息地袭击靠近的猎物。是不是有点狡猾？

然而，尽管豹拼命地将猎物带上树，猎物却很容易从树上掉下来，那么其他食肉动物就会闻风而来将其吃掉。这样一来，狩猎就变成一场空，只能从头再来。它们真是徒劳的糊涂虫。

生物信息

名字：豹（*Panthera pardus*）
分类：哺乳纲猫科
栖息地：南亚和非洲等地的热带稀树草原、森林、草原等
大小：体长1～1.8米

郊狼是『草原清扫机』，到处捡食物

郊狼生活在北美洲的草原上，长得和狼非常像，实际上它们之间还会交配。因此，也有红狼（一种生活在北美洲的灰狼亚种）濒临灭绝的说法。

不仅如此，郊狼有很强的杂食性。它们不仅捕食老鼠、兔子等动物，狼吃剩的食物也照收不误。郊狼被称为"草原清扫机"，到处寻找死去的猎物。它们会堂而皇之地食用被狼袭击后的猎物。但是，一旦被发现，就会被狼穷追猛打，这就有点难为情啊。

狐獴听到同伴惊恐的叫声会立马逃走

无论在电视上还是动物园里，大家一定见过狐獴站在高处叫喊的样子。

它们将前脚稍稍抬起，以可爱的站姿受到人们的欢迎。

一般情况下，发出叫声的狐獴是负责站岗放哨的。很多人以为它们发出叫声是将敌情告知同伴，其实并非如此。

狐獴只是因为紧张才发出叫声。狡猾的是周围的同伴。它们听到叫声就觉得危险，马上躲藏到洞穴中。可见，狐獴会滑头地利用紧张的叫声逃跑。

生物信息

名字：狐獴（*Suricata suricatta*）
分类：哺乳纲獴科
栖息地：非洲南部的稀树草原和沙漠
大小：体长25～35厘米

老虎利用迷彩花纹作掩护，却被乌鸦揭穿

呼啦～

生物信息

名字：老虎（*Panthera tigris*）
分类：哺乳纲猫科
栖息地：东南亚的森林或湿地等
大小：体长1.5～2.8米

老虎是站在亚洲动物界顶点的猫科动物。它们很强悍，身体上有着迷彩花纹。当它们钻进草地，就会和周围的颜色融为一体，让人难以辨认。既强悍又有迷

彩作为掩护，怎么都有一点被过分优待的感觉。

　　但是，就算是这样的老虎也拿乌鸦没办法。每当乌鸦发现老虎在瞄准猎物、准备进攻时，为了能够获得狩猎后的残羹冷炙，它们会在老虎的上方盘旋。

　　如此，被盯上的动物就会通过乌鸦察觉到老虎的存在。这样，即使老虎想要追赶乌鸦也没办法飞上天。真有点可怜。

红毛猩猩 居然能翻越

围墙成功逃走

红毛猩猩看上去大方稳重、聪明伶俐。在日本上野动物园曾生活过一只名为吉普赛（Gypsy）的雌红毛猩猩和一只名为霍亚（Hoya）的雄红毛猩猩，它们已经去世了。

霍亚5岁的时候（吉普赛当时8岁）就干过翻越围墙跑到外面的事。围墙很高，一般情况下难以逃脱。

但是，霍亚利用围墙内的两片板子，将它们立着连起来靠在墙上从而逃出去了。将两片板子立着重叠起来并保持平衡是非常难的事情。不得不提的是，吉普赛负责支撑板子。值得庆贺的是霍亚成功了。它们太聪明了！

生物信息

名字：红毛猩猩（*Pongo pygmaeus*）
分类：哺乳纲人科
栖息地：苏门答腊岛、加里曼丹岛
大小：雄性体长约100厘米，雌性体
　　　长约80厘米

棕熊会因为自己吃剩扔掉的猎物被捡走而暴怒

那是我的！

你不是已经把它扔了吗？

秋天是日本北海道大马哈鱼产卵的季节。河水中有大量大马哈鱼出现。棕熊对它们虎视眈眈。这个季节，棕熊可以随心所欲地捕鱼。因为想捕多少就有多少，所以棕熊不会把一整条鱼吃干净。

它们把好吃的部分吃掉五分之一左右，就会将其扔掉，再去捕抓其他大马哈鱼。棕熊最喜欢的是鱼子，日本有双关语：鱼子吃再多都觉得好吃（译者注：日语中"鱼子"和"多少"的发音相同）。

但是，如果自己扔掉的鱼被其他棕熊捡去，棕熊就会暴怒。对棕熊来说，不管是扔掉的还是放进嘴里的都是自己的，扔了并不意味着失去占有权。

生物信息

名字：棕熊（*Ursus arctos*）
分类：哺乳纲熊科
栖息地：欧洲、美洲大陆北部、日本北海道、亚洲其他地区的森林和冰原等
大小：体长 1.3～2.8 米

长颈鹿和斑马关系不好却互相利用

　　长颈鹿和斑马都生活在非洲的热带稀树草原。它们彼此都没有把对方当作同伴，但是不知为何却过着相依为命的生活。长颈鹿脖子长，以高处的树叶、树枝为食。斑马以草原上的草为食。它们之间不会因为食物而竞争。

　　另外，长颈鹿可以观察到远处的天敌，斑马则可以观察到近处的天敌。它们有一方逃跑的话，另一方也会意识到危险而逃跑。然后，双方交织成夸张的颜色融入广阔的稀树草原中。明明关系不好还互相利用，实在是狡猾。

生物信息

名字：长颈鹿（*Giraffa camelopardalis*）、
　　　斑马（*Equus quagga*）

分类：哺乳纲长颈鹿科/哺乳纲马科

栖息地：非洲的热带稀树草原和空旷森林等

大小：长颈鹿体长3.8～4.7米，斑马体长2.1～2.5米

雌北海狗对打架输了的雄性超冷淡

哎~

战败的雄性

生物信息

名字：北海狗（*Callorhinus ursinus*）

分类：哺乳纲海狮科

栖息地：太平洋北部、白令海、鄂霍茨克海

大小：体长1.4～2.1米

人类有一句谚语："钱尽缘分断"，而对雌北海狗来说是"力量尽而缘分断"。雄性如果能力不行，它与雌性之间的缘分就尽了。

雄北海狗身边聚集着很多雌北海狗，组建起自己的后宫。有的雄性甚至有超过 100 头雌性追随。拥有这么多配偶的雄性，在雌性的发情期，为了与雌性交配会持续 3 个月不吃不喝，体重也降到原来的三分之一。

但是，尽管雄性已经如此辛苦，要是一旦在与年轻雄性的战斗中战败，雌性连看都不会看它一眼。对雌北海狗来说，力量就是一切。

星鼻鼹 用鼻子反复敲
打地面逼出蚯蚓

生物信息

名字：星鼻鼹（*Condylura cristata*）

分类：哺乳纲鼹科

栖息地：北美洲东部的湿地等

大小：体长9～13厘米

星鼻鼹的家在地底下。它们以蚯蚓幼虫等为食，还会捕捉水中的猎物。星鼻鼹几乎看不见东西，它们主要靠神奇的鼻子来感知猎物。

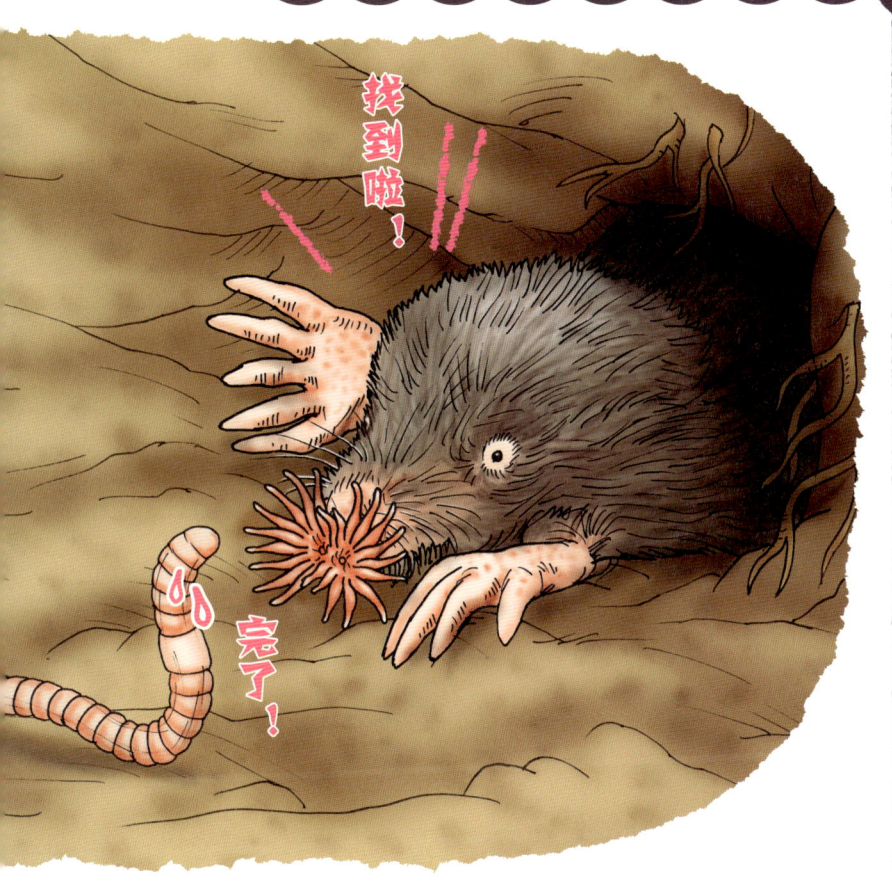

星鼻鼹的鼻子中聚集着很多感觉器官，绝不会让猎物逃脱。

蚯蚓完全招架不住。星鼻鼹的鼻子1秒钟可以反复振动12次。它们通过每秒12次连续地敲打鼻子周围的土地逼蚯蚓出来，再用0.25秒的时间将其捕获并吃掉。这样蚯蚓根本没有逃跑的机会。

这实在可以称得上是狡猾的高超技能。

海豚 会偷听同伴声音

来判断周围状况

　　海豚会使用回声定位。回声定位是指通过自己发出的声音的反射来感知前方障碍物的距离、大小、动态的一种方式。蝙蝠因为使用回声定位而出名，海豚也是根据自己声音的反射来判断周围状况。

　　回声定位一般使用自己发出的声音来判断周遭的状况，而海豚似乎可以偷听其他海豚发出的声音。它们组成一个小队，选出一名代表发出声音。嫌麻烦的海豚可能会偷听其他海豚的声音。这也是聪明的海豚特有的技能。

生物信息

名字：海豚科（*Delphinidae*）
分类：哺乳纲海豚科
栖息地：寒带以外的海洋
大小：体长2.3~3.8米

大熊猫黑白相间的颜色对天敌来说是危险信号

　　毋庸置疑，大熊猫是"可爱"的代表。大家容易被它们黑白相间、毛茸茸的身体治愈吧？但是，这在大熊猫的天敌看来是危险的信号。显眼的颜色是一种"别大意地靠近哦"的警告。实际上，大熊猫拥有尖锐的爪子和牙齿，当敌人踏入自己的领地时，它们会毫不犹豫地进行攻击。

　　大熊猫的眼睛和体型相比格外地小，但十分锐利。对人类来说，由于它们长着一张类似脸谱的脸，眼睛就难以分辨。浣熊也如此。动物会害怕对手的眼睛。大大的黑眼圈使目光看上去更加锐利，从而起到迷惑敌人的作用。

生物信息

名字：大熊猫（*Ailuropod melanoleuca*）

分类：哺乳纲熊科

栖息地：中国中西部有竹子的山林

大小：体长1.2～1.8米

浣熊

非洲艾鼬

恶臭味液体从而逃脱突然释放强烈

生物信息

名字：非洲艾鼬（*Ictonyx striatus*）

分类：哺乳纲鼬科

栖息地：非洲南部的热带稀树草原和沙漠等

大小：体长27～35厘米

非洲艾鼬是鼬科动物，长得和臭鼬非常像。它们和熊猫类似，明明长着一张可爱的脸，却十分凶猛。当它们觉察到敌人来到跟前就会装死。这

还不算过分，可怕的是它们会突然从肛门腺释放出具有强烈恶臭味的液体，从而使敌人闭上眼睛，自己则全身而退。

非洲艾鼬生活在非洲南部，也被称为"非洲臭鼬"。它们是夜间捕食者，以捕食老鼠和小型虫类等为生。

黑色的身体上有四条白线是它们的特征。和熊猫一样，黑白分明的长相是警告对方自己很危险的信号。

可能只是被吓住了

貉是装死还是装睡？

生物信息

名字：日本本土貉（*Nyctereutes procyonoides*）
分类：哺乳纲犬科
栖息地：日本的森林
大小：体长50～60厘米

昏迷中。

哎呀，它怎么瘫下了？

　　猎人瞄准猎物射击后，远处的一只貉倒下了。觉得奇怪的猎人靠近检查时发现，貉在原地躺平了。但是，如果放任不管，它们就会猛然起身，一下子不知道逃到哪里去了。

　　人们说貉是会装死的"狡猾的"动物，还是有点牵强。与其说是装死，不如说它们只是听到枪声被吓倒了。说它们"装睡"也有点牵强，因为人类可以随意地装死，似乎就片面地断定貉也会装死。但是，在检查同样会装死的北美负鼠之后，人们发现装死时它们的大脑是清醒的。对于貉，也有必要再调查一下。

食草动物通过抛弃弱小同伴得以逃脱，进而兴盛族群

非洲广阔的稀树草原上，每天都上演着弱肉强食的篇章。动物界顶点的狮子会攻击斑马、角马的族群。角马的族群很庞大，通常几万头甚至几十万头聚集在一起。角马作为类似于羚羊的牛科食草动物，还有"牛羚"的别名。

多达百万头的雄壮角马大迁徙

角马以大迁徙活动为人们所熟知。每年的 7 月至 10 月，它们带着 2、3 月间出生的幼崽，从肯尼亚的马赛马拉大草原迁徙到坦桑尼亚的塞伦盖蒂大草原，迁徙路线长达 800 千米。角马之所以展开迁徙活动，是为了寻找进入旱季后草原上减少的青草。

分布于马赛马拉各地的角马约有 100 万头，它们通常聚集在一起开展大迁徙。那场景只能用恢宏壮阔来形容。它们途中会穿越马拉河，在那里有体型硕大的鳄鱼等待它们。

但是，角马不惧艰险地穿越了马拉河。当然，会有几十甚至几百头角马被鳄鱼袭击。角马族群穿越马拉河后，那些被鳄鱼袭击和没能成功穿越马拉河的角马的尸体留在了马拉河岸边。

捕捉到落后小角马的狮子

伴随着角马的大迁徙，食肉动物如狮子、鬣狗、豹、猎豹、胡狼等，紧紧跟在它们身后，期待着大量的食物。被袭击的角马，特别是小的、老的和体弱的角马，哪怕是被袭击了也无力逃跑。很多时候，角马会无视身边被袭击的角马继续狂奔。一头角马的牺牲可以换来其他十几头角马的存活。

即使死了 1 万头，还有 99 万头得以存活

也有营救自己孩子的角马。它们这么做是为了留下自己的遗传基因。只不过从种群整体上来看，付出一点点牺牲而让大部分角马生存下来也是正确的。

如果有 1 万头角马被鳄鱼或狮子吃掉了，剩下的 99 万头角马得以存活，那么角马族群还是可以繁荣兴盛的。这就是非洲大草原的动物生存法则。

存活下来的角马，终于到达了塞伦盖蒂草原，它们之后还会从塞伦盖蒂草原返回马赛马拉草原，开始新一轮迁徙。

第 2 章

狡猾又聪明的
鸟类

以乌鸦为代表,鸟类实在
是聪明又狡猾。它们精通生存
之道。

长尾娇鹟的幼鸟偷学成鸟的舞蹈技术，也只是陪衬

生物信息

名字：长尾娇鹟（*Chiroxiphia linearis*）

分类：鸟纲娇鹟科

栖息地：拉丁美洲

大小：体长约10厘米

长尾娇鹟的求爱行为非常奇怪。两只雄鸟一起在雌鸟面前飞舞，这比一只雄鸟独舞更加显眼，更容易俘获雌鸟的芳心。长尾

娇鹟雄鸟身体的一部分是蓝色而头是红色，还长着长长的尾巴，雌鸟则是绿色的。

　　有时，绿色的长尾娇鹟也会跳舞，但它们不是雌性，而是雄性幼鸟。雄长尾娇鹟的幼鸟也是绿色的。它们总是想方设法偷学成鸟的舞蹈技术，但却不能胜过成鸟。雌鸟最后还是被成年雄鸟所吸引。幼鸟仅仅起到了陪衬的作用。

渡鸦拉帮结伙地从狼口中夺取猎物

生物信息

名字：渡鸦（*Corvus corax*）
分类：鸟纲鸦科
栖息地：日本（北海道候鸟）、
　　　　亚欧大陆、北美洲
大小：体长60～63厘米

和其他鸟类相比，渡鸦相当聪明。它们在天上飞翔，时常观察着地面的动静。如果看到其他动物聚集在一起，渡鸦就会飞到那里去。因为动物

又被它们抢了。

多数都是在捕猎的时候聚集在一起，这对渡鸦来说是一个绝佳机会。它们等到狼将猎物啃食到一定程度后，将狼赶跑，就能将猎物据为己有。

　　不过，有一个说法是狼也接受了渡鸦的恩惠。有学者认为，渡鸦聚集的地方也有猎物存在的可能性。为了获得猎物，狼会靠近渡鸦聚集的场所，抢食之后专门留下一些猎物给渡鸦。到底哪一个才是真的呢？

白尾海雕明明很强悍却抢丹顶鹤的食物

在日本北海道钏路市的阿寒国际丹顶鹤中心，人们会为飞来的丹顶鹤投喂食物。现在虽然用玉米粒作饵料，但是在12月到2月期间，人们还会投喂小鱼。

白尾海雕
VS
丹顶鹤

那时，凶狠的白尾海雕就会跑过来，为了抢夺小鱼，向丹顶鹤发起挑衅。

白尾海雕拥有极好的视力，能够捕捉到 2 千米以外的猎物。它们很擅长抢夺海鸥的猎物。每当它们看到丹顶鹤群，就机敏地觉察到"一定有什么"。

美丽的丹顶鹤与白尾海雕之间也有扣人心弦的争斗。由于现在已经停止投喂小鱼，那样的场景已经很难看到了。真遗憾！

金雕

雏鸟会把比自己后出生的兄弟从窝里推下来

成年雌金雕一次会产下两枚卵。但是，为什么幼鸟离巢时只有一只呢？因为先出生的雏鸟会将后出生的雏鸟从窝里推下来。食物很有限这一因素虽然可以理

解，但把还是雏鸟的兄弟"杀"死实在是太可怕了！

　　其他猛禽也是如此。雌性成鸟虽然一次产下两枚卵，存活下来的幼鸟经常只有一只。通常从两枚卵中孵化出的第二只幼鸟成了第一只的备用，而对成鸟夫妇来说，只要有一只活下来就行。

　　不得不说的是，在食物充足的地方，也有两只雏鸟都得以生存的情况。

鸵鸟 幼崽不认自己

打架输了的爸爸

我的孩儿们

战败的爸爸

生物信息

名字：鸵鸟（ *Struthio camelus* ）

分类：鸟纲鸵鸟科

栖息地：非洲中部到南部的稀树草原和沙漠等

大小：体长1.7～2.7米（成鸟）

鸵鸟是一夫多妻制。1只雄鸟会与4～5只雌鸟交配并产卵。雌鸟负责孵卵，雄鸟则负责养育幼鸟。

在养育幼鸟的过程中，拖家带口的雄鸟爸

老爸还是
厉害的好！

胜利的爸爸

爸会和其他爸爸打架。然后，被打败的鸵鸟爸爸的幼崽就跟着胜利的爸爸走了。原来幼崽们也很想被厉害的爸妈抚养。它们真是薄情寡义的家伙。

　　在鸵鸟的栖息地非洲，可以看到带着很多幼崽的鸵鸟爸爸。有的爸爸后面拖着由 40 只左右的幼崽组成的长长的队伍。还以为鸵鸟有多能生呢，实际上幼崽一个个跟的都不是自己的爸爸。

中贼鸥像盗贼一样从水鸟嘴里抢鱼

毫无疑问，鸟如其名，中贼鸥是"盗贼"。它们会从其他鸟类口中夺取食物。它们的做法也很恶毒。它们会攻击或假装攻击海鸥、普通燕鸥、鹱等水鸟。那些被吓到的水鸟，会将刚刚咽到肚子里的鱼吐出来，这时中贼鸥就上去将鱼抢夺过来。

受惊的鸟儿急于逃跑才将鱼吐出来以减轻体重。但是，通过恐吓使其他水鸟把鱼吐出来的手段实在是冷酷无情。

中贼鸥自己也会捕食，它们除了抢夺鱼，也会捕食其他鸟的雏鸟、老鼠等。它们是食肉鸟无疑。

生物信息

名字：中贼鸥（*Stercorarius pomarinus*）

分类：鸟纲中贼鸥科

栖息地：从北极圈到南半球的海洋

大小：体长51～56厘米

麻雀竟然敢在苍鹰的巢下筑巢

　　在日本的住宅区附近经常能看到娇小可人的麻雀。城市里的麻雀不仅在树上，还会在混凝土孔洞里、电线杆的缝隙中筑巢。

　　这些小麻雀有时还会将巢筑在苍鹰的巢下。厉害的苍鹰生活在自己的上方，就像有了身强力壮的保镖，麻雀再也没有可怕的了。它们真是很可爱也很狡猾的小东西呢。顺便要说的是，苍鹰不会袭击麻雀。因为麻雀太小了，把它们当作猎物来抓捕，实在是浪费体力。

生物信息

名字：麻雀（*Passer montanus*）
分类：鸟纲雀科
栖息地：日本（留岛）、亚欧大陆
大小：体长约15厘米

苍鹰的巢

这里最安全了！

雌黑额织雀如果不喜欢雄鸟制作的巢穴，就会拒绝它

黑额织雀生活在非洲。雄鸟会利用植物的叶子或树枝来筑巢。它们的巢简直就像专业的手工艺人织出来的筐一样，非常精致。

但是，即使面对如此出色的杰作，雌鸟如果不喜欢，也不会接受雄鸟的求爱。如果做出来的巢不合格，雄鸟就会将其毁掉，重新做一个。雌鸟只负责验收，雄鸟则一门心思地埋头努力。

不过，一般情况下黑额织雀的巢会在10月左右开始制作，已经用来孵化雏鸟的巢有时会被台风吹跑。那些不合格的巢由于需要重新制作而完工较晚，从而因祸得福，幸免于难。

生物信息

名字：黑额织雀（*Ploceus velatus*）

分类：鸟类织布鸟科

栖息地：非洲南部

大小：体长10～15厘米

旋木雀只要不动就无法和树干区分开

旋木雀羽毛的颜色和树干简直一模一样。它们虽然会绕着树干旋转移动，但如果一动不动，就会和树干融为一体而难以分辨。它们天生长着和树干几乎一样的颜色。虽然不怎么好看，但是由于不易察觉，就很容易躲避天敌从而保护自己。非常有利哦！

旋木雀细长的鸟喙可以用来捉树皮下的虫子。它们栖息在日本九州以北到北海道的针叶林。

在澳大利亚有一种叫作茶色蛙嘴夜鹰的神奇的鸟。它们如果一动不动，看上去就像枯树枝一样。它们的羽毛也是土里土气的颜色。

生物信息

名字：旋木雀（*Certhia familiaris*）

分类：鸟纲旋木雀科

栖息地：日本（九州以北的留鸟）、
　　　　亚欧大陆

大小：体长12～14厘米

我在这里哟～

我不也是嘛！

茶色蛙嘴夜鹰

把黑鸢变成爱抢夺东西的盗贼的是人类

在日本有"油豆腐被黑鸢抢走了"的谚语。这是用来形容很重要的东西意外地被抢夺后目瞪口呆的状态。但是，本来黑鸢警戒心非常强，几乎不靠近人类。这个谚语是根据黑鸢捕猎的样子编出来的。黑鸢发现猎物后会在空中盘旋，再以迅雷不及掩耳之势将猎物带走。

但是，最近在日本海岸，黑鸢会趁人不备将其手中的食物抢走。这还不是因为有人投喂它们食物才造成这种状况嘛。黑鸢无法分辨出人类是否要将手中的食物投喂给它们。现在，对聪明的人类来说，黑鸢已经变成了危险的生物。

生物信息

名字：黑鸢（*Milvus migrans*）
分类：鸟纲鹰科
栖息地：日本、亚欧大陆、非洲以及澳大利亚的山地、农田和海岸等
大小：体长55～69厘米

获得食物。

抢夺食物。

求爱的小鱼，却甩掉对方
雌**普通燕鸥**贪婪地收取雄性

生物信息

名字：普通燕鸥（*Sterna hirundo*）

分类：鸟纲鸥科

栖息地：日本（本州以南的夏季候鸟）、亚欧大陆、非洲、澳大利亚

大小：体长22～28厘米

普通燕鸥会从空中急速向下俯冲逮住小鱼。它们拥有百发百中的技能。负责捕猎的几乎都是雄性。它们会叼着小鱼孜孜不倦地送到雌性那里。

小鹿乱撞。

谢谢，你的心意暂且收下啦！

雄性

雌性

　　雄性将小鱼送给等待中的雌性后立刻飞走，继续捕猎。这期间，雌性还会收取其他雄性送来的小鱼。它们会选择送小鱼最多的雄性作为自己的丈夫。所以，失败的雄性实在是得不偿失。

　　但是，这并不意味着被选为丈夫的雄性可以高枕无忧。因为自己的老婆还会收取其他雄性送来的小鱼，然后接受新的求爱。这鸟怎么会这样？

褐鲣鸟紧跟其他鸟类，偷学飞行和狩猎方法

青面鲣鸟

生物信息

名字：褐鲣鸟（*Sula leucogaster*）

分类：鸟纲鲣鸟科

栖息地：日本（在小笠原群岛等地繁殖）、太平洋、大西洋、印度洋

大小：体长65～75厘米（成鸟）

通常，幼鸟跟随自己的父母学习狩猎技能。父母将自己的狩猎方法展现给幼鸟，以培养其独当一面的能力。

但是褐鲣鸟

打扰啦！

褐鲣鸟的幼鸟

　　的幼鸟会向自己父母以外的其他种类的海鸟学习飞行、狩猎等方法。说是学习，其实那些成鸟们不会真的教它们，它们只是照猫画虎地偷偷学习。

　　在狩猎的时候，它们会去其他种类的海鸟捕猎的地方，冲到海里捕鱼。它们不会自己寻找狩猎场，所以才紧紧地尾随其他成鸟。

　　不得不提的是，褐鲣鸟虽然一次会产下两枚卵，但是却只孵化第一枚。真是奇怪的养育方法。

黑眉信天翁常「捡」虎鲸的残羹剩饭

生物信息

名字：黑眉信天翁
　　　（*Thalassarche melanophrys*）
分类：鸟纲信天翁科
栖息地：南极周边海域
大小：体长83～93厘米

　　黑眉信天翁生活在南极周边的岛屿，它们的主食是章鱼、小鱼和磷虾等。

　　但是，有时会在它们的胃里发现深海鱼类。可是黑眉信天

您剩下的我收啦！

翁长着细长的翅膀，是无法潜入深海的，它们能潜海的最大深度不过 4.1 米。

　　觉得不可思议的研究者通过在它们身上放置的小型摄像机，获得了它们跟随虎鲸飞行的画面。原来它们"捡"了虎鲸的残羹剩饭。

　　信天翁由于很容易被捕捉到，在日本也被称为"傻鸟"。实际上它们也算是狡猾的鸟儿。

雌彩鹬把孩子交给雄性抚养，自己却拈花惹草

嘿哟！
嘿哟！

雄性

大多数鸟儿都是雄性外表更艳丽，而雌性较朴素，像麻雀那样雌雄都很朴素的也有。大多数鸟儿都是长得朴素的一方负责养

生物信息

名字：彩鹬（*Rostratula benghalensis*）

分类：鸟纲彩鹬科

栖息地：日本（来自东北地区南部的留鸟）、中国、印度、澳大利亚、非洲等

大小：体长 23～28厘米

好啦，向下一个目标出发！

雌性

育幼鸟，麻雀则不分雌雄都会养育幼鸟。彩鹬是雌性长得艳丽，雄性长得朴素。

雌彩鹬会发出本该由雄性发出的呼唤异性的声音。它们发出"kong——kong——"的叫声来呼唤雄性。

双方结为夫妇后，雄性不仅负责筑巢，孵卵任务也由它完成。雌性只负责产卵。在雄性孵卵和养育幼鸟的时间里，雌性会向其他雄性求爱，唱着小曲四处巡游，拈花惹草。

海鸥父母对非亲生的孩子相当冷淡

海鸥采用群体方式筑巢，但也不是共同使用一个巢。并排的鸟巢之间会有少量间隙将它们隔开，就好像排列整齐的小别墅。海鸥父母会从这样的巢中离开去捕鱼再回来。

黑尾鸥的巢紧紧地挤在一起

日本虽然有很多海鸥，但是在日本筑巢的海鸥种类并不多。哪怕是将范围扩展到整个海鸥科，也只有黑尾鸥和大黑脊鸥。其他海鸥只不过是在飞往越冬地的途中在日本稍作休整。

日本青森县八户市有一个芜菁岛，虽然被称为"岛"，但和陆地通过桥梁相连，徒步就能到达。

在岛上有一个寺庙，那周围是黑尾鸥的大型繁殖地。这里凭借着宏大壮观的场景，被认定为国家天然纪念物。

黑尾鸥的巢穴紧紧地挤在一起。之所以紧密地排列，是为了通过加强防守，防止黄鼠狼、野猫等天敌的侵入。

另外，它们之所以选择在有很多人的芜菁岛上筑巢，是因为这样可以抵御由于恐惧人类而不敢靠近的天敌。真是聪明的黑尾鸥。

谁家的孩子，
快走开！

通知危险的叫声虽然相同，但是亲子互动的声音各不相同

通过对海鸥的研究，我们发现了一些关于海鸥叫声的趣闻。

所有海鸥发出的通知危险的叫声是相同的，听到这种叫声的小海鸥会齐刷刷地躲到巢里。

但是，幼鸟呼唤父母的叫声和父母呼唤幼鸟的叫声，每家都不一样。因此，幼鸟如果去了其他成鸟的附近，一旦成鸟听到声音后分辨出不是自己的孩子，就会将其赶走。据说有些过分的海鸥甚至会将幼鸟杀死。尽管海鸥们一起躲避危险，但是各自养育自己的幼崽。不过将幼鸟杀死有点过分了。

另外，这种情况并不仅限于海鸥。企鹅中也有集体组建繁殖地的种类。那些企鹅们，只将捕获的鱼给自己的幼崽吃。

这其中，也有父母迟迟不回来、在巢中饿得直叫的小企鹅。但是，其他成年企鹅都会选择坐视不理。如果这些小企鹅靠近自己就会将它们啄走。它们只会帮助与自身有血缘关系的小企鹅，其他的一概不管。尽管如此，这个种族也延续了下来。

第 3 章

多数人对鱼类持有错误的认识。接下来将为大家介绍让人目瞪口呆的鱼类的神秘之处，还有它们狡猾又奇怪的技能。

狡猾又奇怪的鱼和爬行动物

海参看上去不会走路，实际边走路边捕猎

海参会走路！听到这个消息，你会不会觉得它们太狡猾了？不过它们确实长着被称为"管足"的脚。管足是充满水分的细长管子，可以自由伸缩，还能作为吸盘使用。海参的身体上有无数根管足，它们通过伸长管足来吸附在岩石上并拖拽身体，达到前进的目的。

这些管子十分便利，不仅可以吸附岩石，还能吸住猎物并将其捕获。

管足是像海胆这样的棘皮动物的一种器官。所谓棘皮动物，即长着刺的动物，但是像没长刺的海参、海胆的同类，也被这样称呼。不论海参还是海胆，它们都不是随着波浪四处飘荡的生物哦。

生物信息

名字：海参（*Bohadschia argus*）
分类：海参纲海参科
栖息地：太平洋（日本奄美大岛以南）、印度洋
大小：体长30～40厘米

实际上海参会行走。

海胆也可以！

鲨鱼只是将冲浪者当成海豹才开展袭击

1. 闻到血腥味

生物信息

名字：大白鲨
　　　（*Carcharodon carcharias*）
分类：鱼纲鼠鲨科
栖息地：以温暖地域为中心的海洋
大小：体长4～6米

　　这也是人类随意地搞错结果被骗的事实。大多数鲨鱼，哪怕是鼬鲨或大白鲨，通常情况下也不会袭击人类。只是，它们将冲浪者当成海豹，这样才采取袭击

3.用眼睛观察

2.用电传感捕获

行动。

　　但是，很少有流血的冲浪者。其实不是血，而是当活动方式和海豹类似的生物靠近鲨鱼鼻子附近时，鲨鱼的电传感器就会收到感应，鲨鱼就会靠近。鲨鱼靠近后发现，冲浪者和海豹简直一模一样。所以，它们就想咬咬看而已。

　　但是因为不是海豹，所以它们一定觉得很难吃。这样说起来"真狡猾"的应该是鲨鱼吧。

火珊瑚

容易被误认为是珊瑚，其实它更有毒

但是会被棘冠海星吃掉。

生物信息

名字：火珊瑚（*Millepora tenera*）

分类：水螅纲火珊瑚科

栖息地：日本奄美大岛以南的热带海域

大小：珊瑚群直径约1米

火珊瑚长得和珊瑚特别像。不知情的潜水者如果误认为它们是珊瑚，触摸后就会遇到大麻烦。虽然珊瑚也含有微量毒素，但是和火珊瑚完全不能比。如果徒手触碰后被它

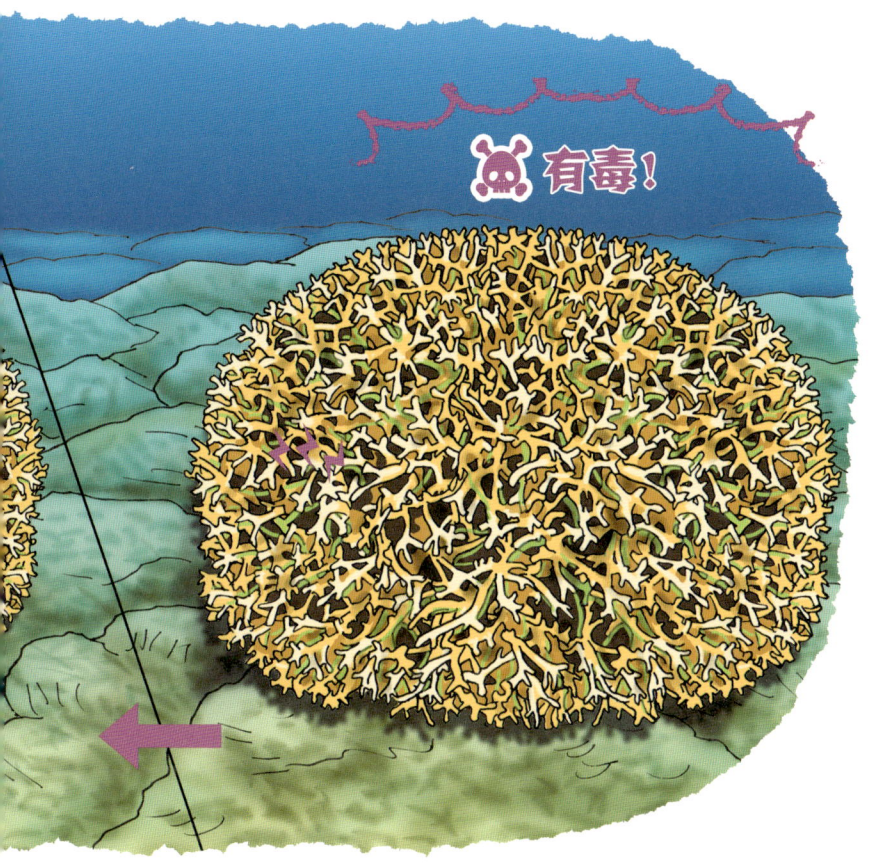

们刺到，会感到剧痛，然后手上长出水疱。

如果症状加剧，皮肤会像被火烧伤一样开始糜烂，然后脱落。但是，对潜水爱好者来说，触摸珊瑚本来就是犯规行为，即使受伤严重，也是自作自受。

不得不提的是，火珊瑚和珊瑚一样，都会被棘冠海星吃掉。作为珊瑚的天敌，棘冠海星实在可怕。

裸躄鱼酷似海藻，把凑过来的小鱼一口吃掉

生物信息

名字：裸躄鱼（*Histrio histrio*）

分类：鱼纲躄鱼科

栖息地：西太平洋、印度洋、西大西洋

大小：体长约14厘米

裸躄鱼会潜伏在马尾藻中。当它们随着水流漂浮过来时，就像海藻一样。小鱼小虾会聚集到附近想吃海藻。裸躄鱼的嘴上长有类似海藻的假饵料。为了让猎物看清自己的假饵料，

它们利用腹鳍攀爬到真正的海藻上。

　　游到眼前的小鱼立刻清醒过来。这时，裸躄鱼用鱼鳍发力，气势汹汹地朝小鱼吐水。趁着小鱼惊慌失措之际，裸躄鱼张开大嘴将面前的一切全盘吞入口中。有点狡猾呢！它们算是埋伏型食肉鱼。

　　裸躄鱼具有同类相食的习性，是如假包换的食肉鱼。

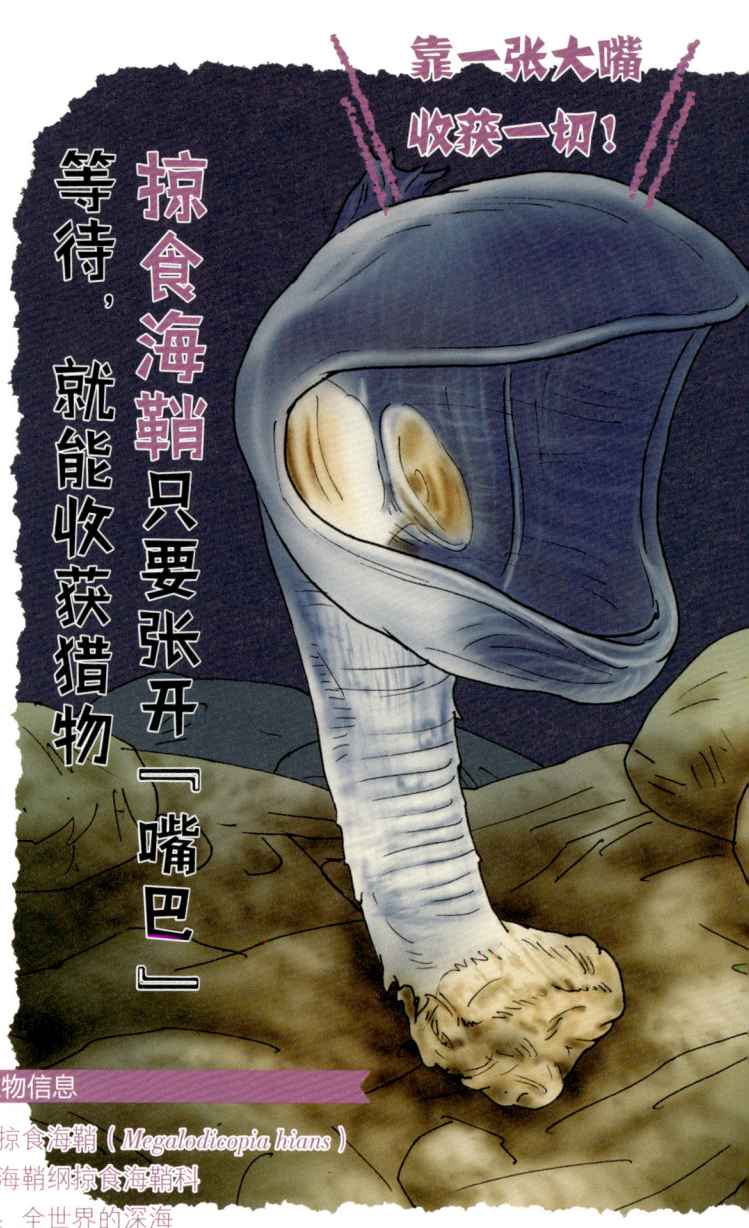

靠一张大嘴
收获一切！

掠食海鞘只要张开「嘴巴」
等待，就能收获猎物

名字：掠食海鞘（*Megalodicopia hians*）
分类：海鞘纲掠食海鞘科
栖息地：全世界的深海
大小："大嘴"部分直径5～7厘米，
　　　柄部长3～5厘米

80

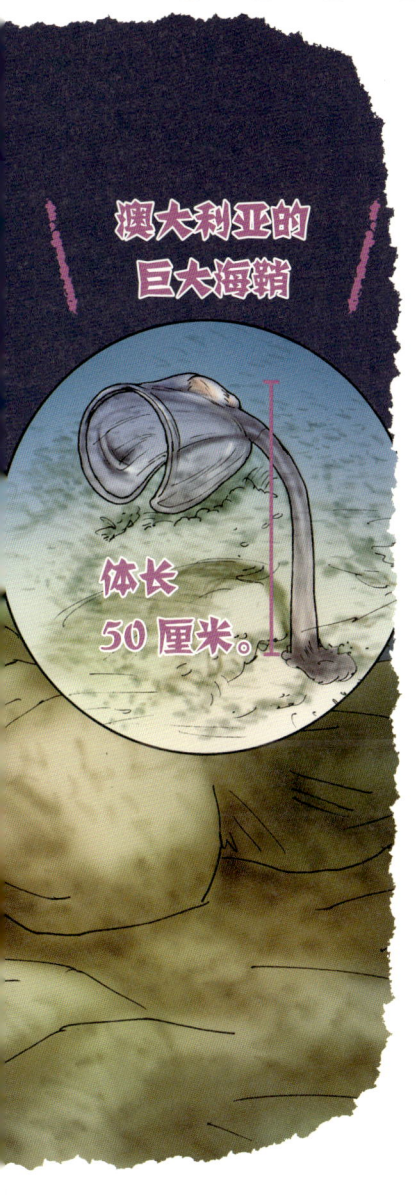

澳大利亚的巨大海鞘

体长50厘米。

　　海鞘是日本东北地区有名的下酒菜。这种海鞘，是一种以植物为食的被称为"海菠萝"的菠萝状生物。接下来要说的掠食海鞘和它有所不同。掠食海鞘以肉为食，喜欢张开"大嘴"站在深海里。

　　看起来像大嘴的其实是它们的入水孔。通过这张"大嘴"，掠食海鞘可以将混在海水中的浮游动物、小型甲壳类动物吃掉，然后从背后的出水口将海水吐出。朝着水流的方向站着，什么都不用做就可以将猎物收入囊中，真是一种狡猾的捕食技能。在澳大利亚的塔斯马尼亚群岛，生存着体长50厘米的海鞘。它们还能吃小鱼，实在令人吃惊。

小河豚居然没有毒

小河豚没有毒。

红鳍东方鲀又名河豚，它简直是冬天味蕾顶级体验的高级鱼类代表者。

这些年来，由于河豚养殖业的兴盛，其他季节也可以吃到它们。但是，河豚的

生物信息

名字：红鳍东方鲀（*Takifugu rubripes*）
分类：鱼纲鲀科
栖息地：东海、黄海、日本北海道至
　　　　九州、北大西洋西北部
大小：体长70厘米

红鳍东方鲀是危险的高级鱼类……

毒性很强，如果由门外汉来处理则容易导致中毒。每年都听说有吃河豚出现中毒或死亡的人。

河豚的毒被称为"河豚毒素"，红鳍东方鲀的毒素藏在肝脏和卵巢中，还有像铅点东方鲀那样浑身有毒的种类。

但是，河豚自己不会产生毒素，它们只是把吃剩的猎物的毒素储存在体内。因此，小河豚是没有毒的。养殖的河豚，如果喂给它们无毒的饵料，也可以培养出无毒的河豚。

大西洋海神海蛞蝓很漂亮，实际是盗取毒素的小偷

大西洋海神海蛞蝓长着像龙一样的蓝色身体，拥有"蓝龙"的美名。它们小小的身体中，藏着一根防身用的毒针。

大西洋海神海蛞蝓会食用拥有最高等级毒素的水母如僧帽水母、银币水母的刺细胞，然后将其毒素储存在体内，制成毒针。它们从拥有毒素的生物身上盗取毒素，生成盗刺细胞。盗毒小偷实在可怕。它们长着天使般的容颜，却干着恶魔的勾当。

通常，大西洋海神海蛞蝓会在栖息的海域漂浮，如果偶然看到了请不要触摸！

生物信息

名字：大西洋海神海蛞蝓（*Glaucus atlanticus*）

分类：腹足纲海神鳃科

栖息地：世界各地的热带和温带海域

大小：体长2～5厘米

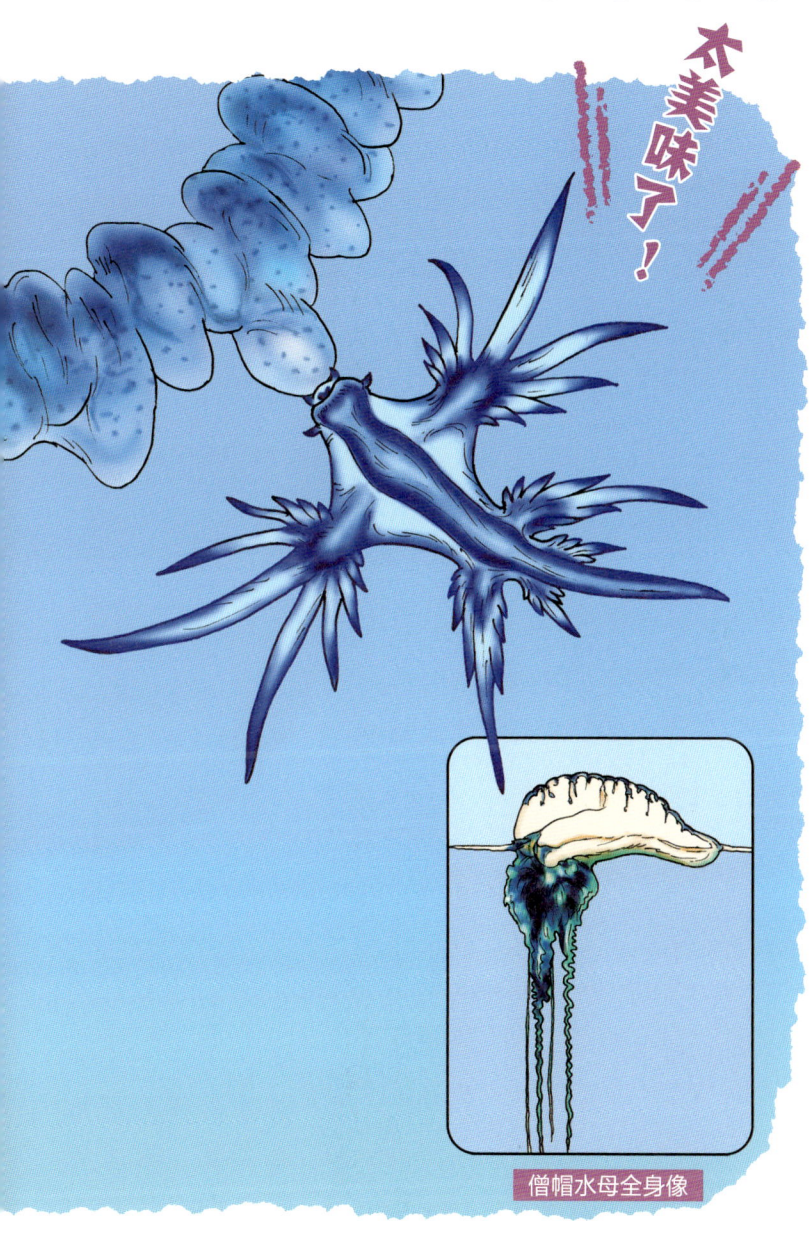

太美味了！

僧帽水母全身像

「**水母骑士**」厚脸皮地利用完水母后，都会吃掉它

生物信息

名字：水母骑士（叶形幼体*Phyllosoma*）
分类：甲壳纲蝉虾科（*Scyllaridae*），龙虾科（*Palinuridae*）等
栖息地：印度洋、太平洋的温暖海域
大小：体长约1厘米

可以骑在水母身上在海中漂流，怎么都让人觉得活得好轻松自在呀。那些骑在水母身上的叶形幼体，它们是

着陆！

扇虾、龙虾等的幼体。这些幼体中，骑在水母背上的被称为"水母骑士"。

叶形幼体不仅将水母当作自己的移动工具，还把它当成家来躲避天敌，甚至会吃掉水母。真是厚颜无耻。

叶形幼体成长到下一个阶段要花费一年的时间。这期间它们依赖水母生活。这对水母来说没有任何好处。水母也无法说"好碍事啊，快走开"。真的好可怜。

丝鳍圆天竺鲷 幼鱼利用海胆保护自己，却不给回报

丝鳍圆天竺鲷与克氏双锯鱼一样是人气很旺的热带鱼。它们有着黄色的头和黑色的带状条纹，身体后半部分长着点状的像睡衣上的图案的花纹，非常可爱。

丝鳍圆天竺鲷在雄性的口中孵化。雌性产卵后，雄性将卵块含在口中使其孵化。

所以它们是娇生惯养长大的。孵化后，它们会隐藏在刺冠海胆的刺的缝隙中生活。真是聪明又狡猾的幼鱼。丝鳍圆天竺鲷幼鱼只要躲在海胆的刺中，其他食肉鱼就无法袭击它们。可是，海胆却捞不到一点好处。

生物信息

名字：丝鳍圆天竺鲷（*Sphaeramia nematoptera*）

分类：鱼纲天竺鲷科

栖息地：日本、西太平洋、东印度洋

大小：体长6～8厘米（成鱼）

长得再可爱也不能总给海胆
添麻烦吧？

花纹细螯蟹随意使唤海葵，却是在帮助它

生物信息

名字：花纹细螯蟹（*Lybia tessellata*）

分类：甲壳纲扇蟹科

栖息地：日本（伊豆大岛、小笠原群岛、奄美大岛以南）、印度洋至南太平洋

大小：背甲宽约1厘米

花纹细螯蟹会用左右两个钳子夹住海葵。它肆无忌惮地利用海葵，让海葵帮自己取食物、赶跑敌人，简直是

你难道看不到我的拳头吗？

无限量使唤。海葵有毒，花纹细螯蟹还可以挥舞它来吓唬强大的敌人。

另外，别以为海葵只是被利用，它们在被花纹细螯蟹挥舞的过程中也会收获浮游生物。如果被扔到某个地方，还可以获得在那里繁殖的机会。它们是很好的共生关系。最近，有研究显示，海葵可以克隆自己，将自己一分为二，然后分别被花纹细螯蟹的两个钳子夹住。

科莫多巨蜥 遇到困难 撒腿就跑

科莫多巨蜥生活在印度尼西亚的科莫多岛及其周边小岛。据说它们不仅长相可怕，还会吃人，是世界现存最大的蜥蜴。事实上，它们却是遇到困难撒腿就跑的家伙。

如果看到有人躺在路上，它们会误认为是猎物然后上前袭击。但是，如果人站起来，它们发现猎物比自己个头大很多，就会立刻逃跑。科莫多巨蜥真要是再厉害一点，不仅是科莫多岛，其他岛屿也应该有它们的足迹。不过由于它们没能在生存竞争中胜出，也只幸存在没有天敌的科莫多岛附近。

生物信息

名字：科莫多巨蜥（*Varanus komodoensis*）

分类：爬虫纲巨蜥科

栖息地：印度尼西亚（科莫多岛及其周边岛屿）

大小：体长2～3米

钓鱼蛇鼻头上的突起

可以让它瞬间捕获猎物

突袭

生物信息

名字：钓鱼蛇（*Erpeton tentaculatum*）

分类：爬虫纲水蛇科

栖息地：柬埔寨、泰国、越南

大小：体长60～100厘米

钓鱼蛇的鼻头上长着像胡子一样的突起。这些突起究竟是用来做什么的，多年来都是未解之谜。最近，谜底要揭开了。

在那些突起上密集分布着感官神经，这是用来寻找猎物的传感器。钓鱼蛇会埋伏在水中或泥里一动不动地等待猎物。当突起上的传感器感知到猎物后，它们会瞬间行动，将其逮住。它们的牙齿上有可以麻痹小鱼的毒液。

钓鱼蛇如果一动不动，身上的花纹使它们看起来就像树枝。埋伏，突袭。我们仿佛听到被捕获的小鱼发出"好狡猾"的呐喊。

专栏　强者的身体就是资本

越强悍的生物越讨厌受伤

在大海里，时时刻刻都在上演鱼类之间弱肉强食的剧目。鲨鱼会突袭沙丁鱼群。沙丁鱼群就像一个软体动物一样通过变形以躲避鲨鱼。

突袭时，鲨鱼看上去好像天不怕地不怕，似乎整个身体都冲向了沙丁鱼群。但是事实并非如此。鲨鱼为了不让沙丁鱼群撞到自己的身体，也进行着躲避。

鲨鱼也在躲避沙丁鱼群

鲨鱼非常讨厌自己的身体与沙丁鱼相撞从而产生擦伤。强者的身体就是它们的资本。鲨鱼不像沙丁鱼那样拥有大量同伴，它们必须靠自己存活下来。因此，如果受伤不能动了，它们只能等待死亡。

鲨鱼冲向沙丁鱼群，要么是为了让沙丁鱼群散开，使其中一部分掉队，要么是为了捕获已经脱离鱼群的沙丁鱼。通过这样的方法，就不会让自己的身体撞到沙丁鱼群，重要的是不让自己受伤。

这种情况不仅发生在海中，在陆地上也是如此。

狮子虽然采用集体形式狩猎，看上去它们是撞向斑马或角马族群，事实并非如此。

实际上，狮子是为了将队伍冲散，从而寻找跑得最慢、体格最弱的猎物。因为追捕强悍的猎物可能会被踢，身体也可能被它们的角伤害。如果受伤的话，可能连下一个猎物都没体力追赶了。

为了规避风险，狮子会寻找弱小的猎物，再采用团体的方式进攻，从而在保护自己的情况下将其捕获。

越强悍的动物越爱惜自己的身体

狮子狩猎时，一般都是一头母狮负责追赶角马的队伍。跑得慢或体弱的小角马容易掉队，另一头狮子就会负责跟上它。

角马会逃跑，这时，在角马队伍前等候的狮子就跳出来，迅速地死死咬住逃跑角马的喉咙并将其捕获。

咬住喉咙是因为那是猎物的要害部位。被咬住喉咙的猎物几乎都会毫无抵抗地死去。

通过这样的协作，狮子可以在不受伤的情况下捕获猎物。

越强悍的生物越讨厌受伤，越强悍的生物越爱惜自己的身体。

第4章

狡猾又恐怖的昆虫

长相就很吓人的可怕的昆虫，它们的狡猾让人为之震撼。本章介绍有点可怕的昆虫。

蚁蛛假扮成蚂蚁以避开天敌

　　总感觉蜘蛛比蚂蚁更厉害，但是这种蜘蛛会拟态成蚂蚁以躲避天敌。这就不是"狐假虎威"，而是"蛛假蚁威"。实际上，蚂蚁被很多动物讨厌，多数动物都会避而远之。蚁蛛拟态成蚂蚁可以避开天敌。实在是有点狡诈。

　　图中的美丽蚁蛛是雄性。它们头上长着钳子，雌性则没有。因此，雌性蚁蛛长得非常像蚂蚁。如果不数一数腿的数量（蚁蛛有8条，蚂蚁有6条），人类也无法区分它们。

生物信息

名字：美丽蚁蛛（*Myrmarachne formicaria*）

分类：昆虫纲跳蛛科

栖息地：东半球

大小：雌性体长7～8厘米，雄性体长5～6厘米

桑氏平头蚁 挤破自己的肚子来攻击敌人

桑氏平头蚁可以通过收缩腹肌自爆。当意识到无法逃离敌人的攻击时，它们会挤破自己的肚子并把体液喷到敌人的身上。这种体液黏稠、有刺激

生物信息

名字：桑氏平头蚁（*Colobopsis saundersi*）

分类：昆虫纲蚁科

栖息地：马来西亚、文莱

大小：工蚁（会自爆的蚁）体长 5 毫米

性臭味且有毒。被喷射的敌人多数都会倒下，其中也有死亡的。桑氏平头蚁是对敌人超乎狡猾的可怕的蚂蚁。

　　这种会自爆的蚂蚁是工蚁的一种。它们通过自爆帮助自己的同伴。而它们的同伴，则将死去的敌人搬运到巢中饱餐一顿。

　　另外，如果有敌人想侵入它们的巢穴，巢穴的入口也有用头防守的蚂蚁。这是为了守护自己的巢穴，实在厉害。

瓢虫

被袭击后会装死

好臭啊！

装死？！

生物信息

名字：瓢虫（*Coccinellidae*）
分类：昆虫纲瓢虫科
栖息地：全世界
大小：体长数毫米至1厘米

瓢虫的背部长着可爱的花纹。这些花纹实际上是保护色，对鸟儿们来说是无声的警告。它们是好看又难对付的虫子。

不仅如此，如果它

们被鸟儿捕获、身体感受到压力，就会"装死"，并且关节处还会释放出难闻的体液。

　　说是装死，实际上是感到压力后受到惊吓，才变成那副德行。它们释放出的体液又臭又苦，鸟儿们非常讨厌。这是它们的舍身保命之技。瓢虫背部的花纹是一种警戒，是警告敌人：如果我受到攻击就会放出又苦又臭的液体哦。

日本四点象天牛不只会装死，还会玩消失

在森林中被砍倒的树上，经常能看到日本四点象天牛。它们分布在除冲绳以外的日本各地。它们胖墩墩的，也被叫作"老大爷"。受惊后肚皮朝上，将它们翻过来，好像死了一样。不仅如此，它们还会变换颜色融入周围环境，让敌人找不到自己。

日本四点象天牛通过这种形式保护自己，等待敌人的离去。当敌人离去后，它们才爬起来恢复到原来的样子。实在难对付。但事实是，当敌人走后，它们才能从紧张的状态中恢复过来，敌人如果在周围，则会因为太害怕而根本无法动弹。

生物信息

名字：日本四点象天牛（*Mesosa myops*）

分类：昆虫纲天牛科

栖息地：日本（除冲绳外）、朝鲜半岛、西伯利亚、中国东北部

大小：体长10～15毫米

雌黑丽翅蜻为了躲避雄性骚扰而变色

变成雄性？！

生物信息

名字：黑丽翅蜻（*Rhyothemis fuliginosa*）

分类：昆虫纲蜻科

栖息地：中国、日本（本州岛、四国岛和九州岛）、朝鲜半岛

大小：腹长20～25毫米

像蝴蝶一样翩翩起舞的是黑丽翅蜻。平时，雄性是鲜艳的蓝紫色，而雌性则闪烁着绿色。但是，雌性也有变成蓝紫色的时候。

还不是为了躲避
雄性的骚扰！

　　关于这种变色现象，有一种说法是雌性在产卵时为了
避免雄性的骚扰才变色。因为如果变成雄性的颜色，就不
会被发现是雌性。在生物的世界里，很多物种的雄性会骚
扰没有为自己产卵的雌性的产卵活动。

　　如果说这些雄性是干预他人生活，那么雌性就是为了
远离暴力才改变自身的颜色。与其说它们很狡猾，不如说
现实更让人悲伤。

马尾茧蜂在天牛的蛹上产卵，将它作为自己孩子的食物

生物信息

名字：马尾茧蜂
（*Euurobracon yokahamae*）

分类：昆虫纲茧蜂科

栖息地：日本本州以南、亚洲其他各国

大小：体长15～25毫米（产卵管长度是身体的4～8倍）

虽然很多种蜂属于寄生蜂，但是马尾茧蜂的寄生方式在寄生蜂中是非常狡猾且恐怖的。它们的寄主是天牛的蛹。

雌马尾茧蜂钻进

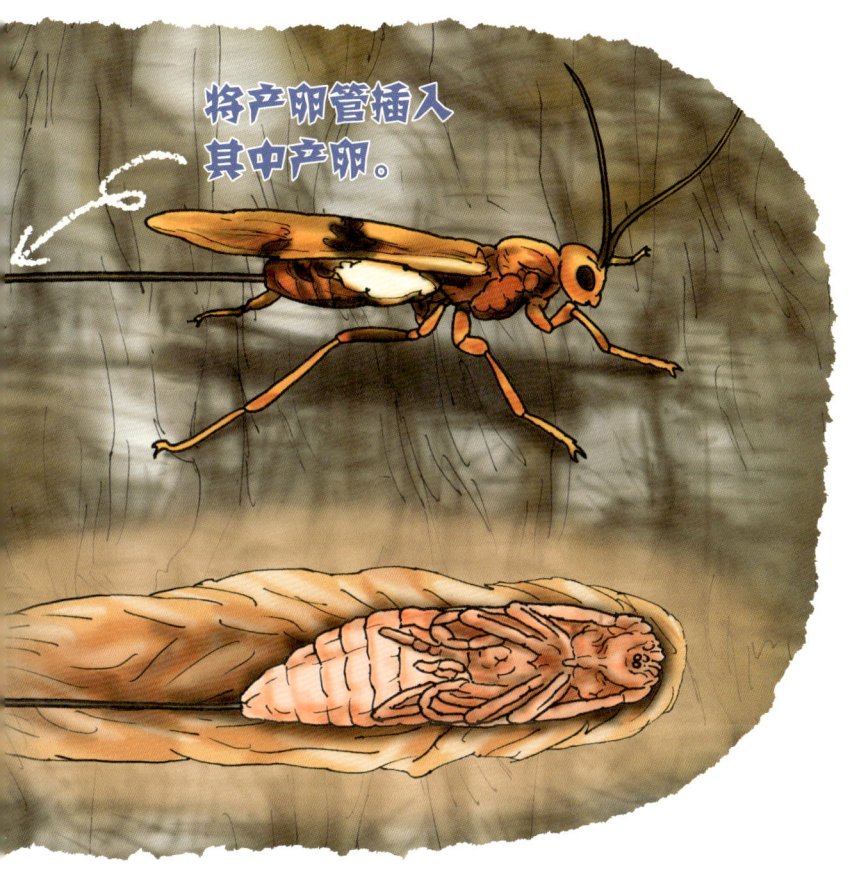

将产卵管插入其中产卵。

天牛生活的树洞里，将产卵管的管头放在里面，再爬到洞外。它们在洞外操纵管头并将其插入蛹中。蛹作为寄主几乎不会动，所以它们可以稳稳地将产卵管插入蛹中并产卵。

　　这之后，蜂卵孵化并以蛹为食，然后长大。马尾茧蜂的幼虫变大后，会咬破蛹钻出来。啊，好可怕。

六齿青蜂 在胡蜂的巢中产卵，还要霸占整个巢穴

青蜂科的蜂长得都非常美丽。青色、黄色交织的闪闪发亮的身体为昆虫爱好者所喜爱。但它们是非常可怕的寄生蜂，其可怕超出了"美丽的蜂带刺"的程度。

六齿青蜂寄生于长腹元螺蠃。它们趁寄主不在时偷偷到它们的巢里产卵。从卵中孵化的六齿青蜂幼虫会霸占整个巢，抢夺寄主的猎物并以寄主的孩子为食。

青蜂科中也有在胡蜂的巢中产卵的厉害角色，实在可怕。

生物信息

名字：六齿青蜂（*Chrysis fasciata*）
分类：昆虫纲青蜂科
栖息地：日本
大小：体长10～12毫米

113

黑卵蜂长得很可爱，却寄生在蜘蛛卵上

生物信息

名字：黑卵蜂（*Scelionoidae*）
分类：昆虫纲黑卵蜂科
栖息地：日本本州
大小：体长0.5～1毫米

黑卵蜂的身体只有自己3个头那么长，全长不到1毫米，非常可爱。但是，它们的生活方式既狡猾又可怕。

它们将注射器

宝宝哪里去了呢?

缘腹细蜂

针头一样的产卵管插入蜘蛛或其他昆虫的卵并在其中产卵。黑卵蜂的卵宝宝会在蜘蛛或昆虫的卵中孵化,当幼虫将卵中的营养吸食后就会变为蛹。然后,好像本来就是从那个卵中孵化出来的一样,破卵而出。

　　黑卵蜂的寄主是比自己大几十倍的蜘蛛或昆虫等。难以想象,大型寄主的卵被蚕食殆尽,从卵壳中孵化出来的竟是黑卵蜂这种令人无语的生物。

蜡蝉头上的『锯子』看上去很酷，其实连树叶都切不断

有种头上长着锯子状角突的蜡蝉，给人非常冷酷的感觉，但它们完全徒有其表——锯子状角突连树叶都切不断。但是，当它们面对前来袭击的鸟时，会扇动巨大的翅膀，转动头部，把鸟儿吓跑。即便徒有其表，哪怕是虚张声势，只要能赶走鸟儿就可以存活下来。

大多数蜡蝉都像独角仙一样，头上有突起物，还长着漂亮的翅膀。看上去没有攻击力，但是威吓力非常强。

生物信息

名字：分布于亚马孙地区的头上长"锯子"的某种蜡蝉

分类：昆虫纲蜡蝉科

栖息地：美洲中部至南部的热带雨林

大小：张开双翅后宽幅为70～85毫米

长着看上去挺厉害的"锯子"，实际连树叶都切不断！

弓足梢蛛 伪装成花朵

等待猎物到来

黄色的身体一声不响地贴在黄色花朵上的是弓足梢蛛。它们在等待蜜蜂等昆虫前来采蜜。蜜蜂们完全不知道花朵上有弓足梢蛛在等待它们，只知道前方有美味的花蜜。

蜜蜂们降落到花朵上后，弓足梢蛛会在一瞬间用强有力的前足将它们按住，再吸食它们的血肉，非常可怕。

在日本，弓足梢蛛栖息在比较寒冷的草原上。但是由于数量很少，即使是肉眼也很难发现。它们是很罕见的蛛类。

生物信息

名字：弓足梢蛛（*Misumena vatia*）
分类：昆虫纲蟹蛛科
栖息地：日本（除冲绳外）、北美洲、欧洲
大小：体长3~9毫米

兰花螳螂 伪装成花朵 瞬间捕获不知情的猎物

咔嚓！

对蝴蝶来说，兰花螳螂怎么看都像是花朵吧。蝴蝶会毫无防备地凑近它们。兰花螳螂在树叶上端坐，把自己彻底变成一朵花。不仅如此，兰花螳螂身上反射的光就像花蜜一般。

生物信息

名字：兰花螳螂（*Hymenopus coronatus*）
分类：昆虫纲花螳科
栖息地：东南亚的热带雨林
大小：雌性体长70毫米，雄性体长35毫米

花蜜！

蝴蝶被美丽的光芒吸引，飞到它们的身旁。

　　这时有一双虎视眈眈的眼睛藏在暗处。看上去很像花瓣的是兰花螳螂的镰刀。它们可以一瞬间将蝴蝶逮住。当蝴蝶发现"还以为是花蜜却被骗了"的时候，想逃跑却为时已晚。

　　另外，兰花螳螂把自己伪装成花朵后，还可以躲避鸟类天敌。鸟儿以为的花瓣其实是猎物的镰刀，它们会毫无察觉地从旁边飞过。兰花螳螂这实在是一举两得。

柑橘凤蝶 幼虫长得太像鸟屎从而骗过了鸟儿

在日本常常能够看到的凤蝶是柑橘凤蝶，它们也被称为"展翅"。柑橘凤蝶刚刚孵化出来时，长得就像鸟屎，所以鸟儿们会误以为是自己的粪便，便不会袭击它们。鸟儿们都被糊弄了。

但是，像鸟屎的幼虫长大后，就会变成更大的"鸟屎"。成蛹前的柑橘凤蝶幼虫能够长到4厘米，那时候长得就不像鸟屎了。它们会逐渐变绿，常常摆出和树枝、树叶相近的造型，当然目的还是继续糊弄鸟儿们。

生物信息

名字：柑橘凤蝶（*Papilio xuthus*）幼虫

分类：昆虫纲凤蝶科

栖息地：东亚、夏威夷

大小：刚出生的幼虫体长2毫米，成蛹前体长
40毫米

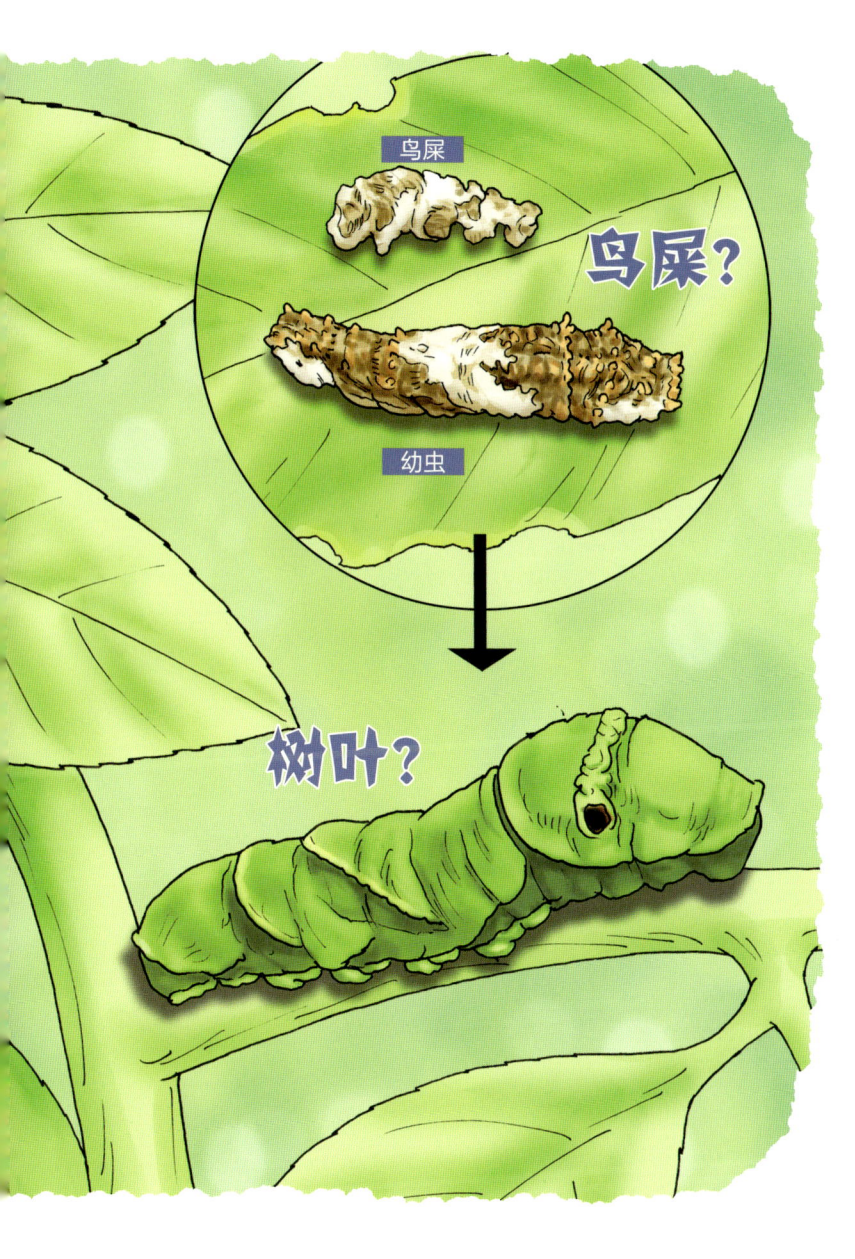

白蚁
女王释放性抑制激素以阻止工蚁长大

生物信息

名字：白蚁（*Termitidae*）

分类：昆虫纲白蚁科

栖息地：除寒带外的世界各地

大小：白蚁女王体长15毫米，工蚁体长4～6毫米

白蚁和黑蚁（普通蚂蚁）不同，它们是蟑螂的同类。蚂蚁是蜜蜂的同类。这两个完全不同的物种都有女王。白蚁分为工

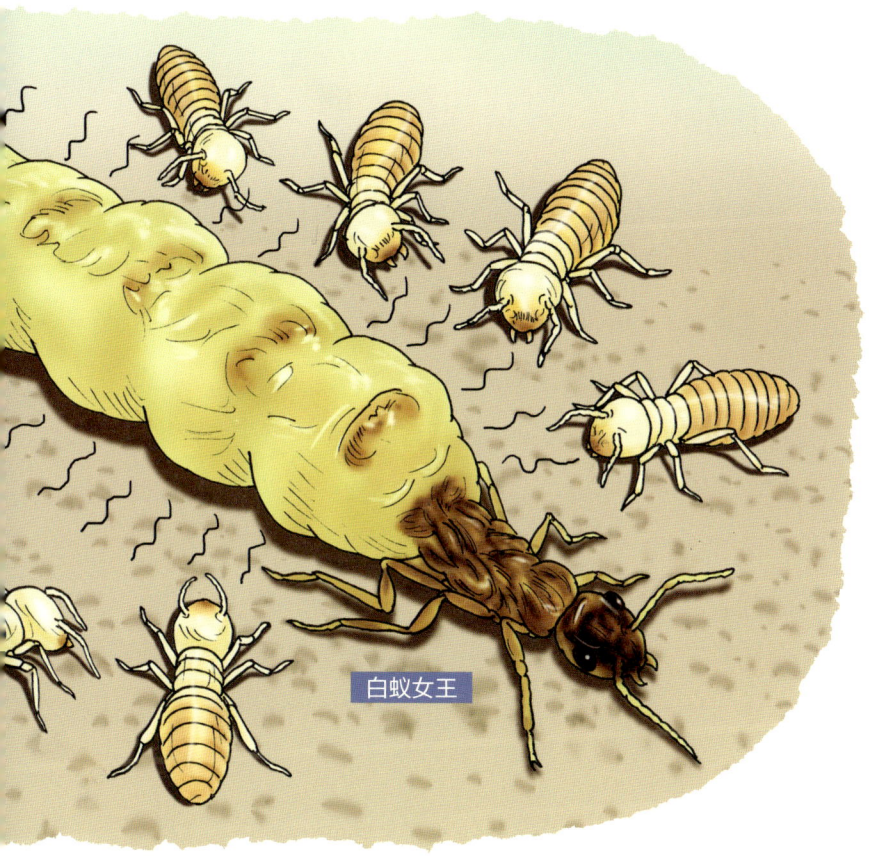

白蚁女王

蚁、兵蚁、女王蚁等。

　　女王负责生孩子，身体很大，下半身很臃肿。它们行动很困难，由工蚁负责照顾它们。

　　工蚁只有女王的三分之一大小。这是因为女王释放出性抑制激素从而阻止了它们的生长。这样，工蚁就会孜孜不倦地为女王搬运食物，把它养得肥肥胖胖。

专栏　身体会变色的真相

并非模仿，只是很随性地变成那样

变色龙的眼睛很大且炯炯有神。但是，它们的皮肤变换颜色并不是依靠眼睛的判断。它们的皮肤会随意地变成与周围环境相似的颜色，使它们的肤色发生改变的是光照和它们的心情。

变色龙皮肤中的色素被光照射后会发生变化，从而导致皮肤颜色改变。这种变化能起到调节体温的作用。它们的身体被太阳照射后会变热，这时它们的皮肤就会变成难以吸收热量的颜色以抵御炎热。没有毛发是爬虫类动物的特性。

另外，有研究表明，不是色素而是变色龙的皮肤中含有的纳米晶体使变色龙变色。纳米晶体是使颜色发生变化的物质，当变色龙兴奋后，纳米晶体就会散开使其变色。这一研究还有待深入。

变色龙的颜色变化原理实在是奥妙无穷。

岩雷鸟的羽毛颜色随着温度的变化而变化

鸟类中有像岩雷鸟这样夏天和冬天长得不一样的鸟儿。它们虽然不像变色龙那样在短时间内改变自己的颜色，但是会随时间的变化而变化，它们夏天变成岩石的颜色，冬天则变得雪白。这是羽毛颜色的改变而非皮肤。动物的毛发在夏天和冬天会交替变化。夏天太热了毛就长得短一些，冬天太冷了毛就长

好热啊～～

得长一些。

如果饲养过长毛猫就知道，到了 5 月份它们会换毛，房间里到处都是猫毛。

岩雷鸟就是这样。它们变化的不只是羽毛的长度，还有羽毛的颜色。

不过，倒不如说，夏天是岩石色、冬天是白色的岩雷鸟，是因为长得不显眼才得以生存下来的吧。

以拟态章鱼为代表的章鱼，它们的神经可以控制细胞色素，因此它们可以立即改变自己的颜色。

这真是了不起。它们靠自己就可以调节色素到"某种程度"。很多动物是无法改变单个细胞色素的，可以说章鱼拥有超级细胞。

人类的晒黑只不过是灼伤

人类也可以改变皮肤的颜色。将皮肤暴露在阳光下就会变黑。

紫外线可以使人的皮肤变黑。但是，晒黑是一种由紫外线引起的灼伤，还是需要小心。

第 5 章

吃掉虫子、小动物的食肉植物，它们的绝活超过了动物。接下来将介绍它们厉害又狡猾的技能。

食肉植物的狡诈伎俩

马兜铃利用苍蝇授粉，有时却将它杀死

马兜铃虽然不是食肉植物，但是它们靠苍蝇授粉。它们像铃铛一样的花朵能够散发出臭味从而吸引苍蝇光顾，然后它们将苍蝇关进藏有花粉的"小房间"里。苍蝇在那里转一圈，浑身沾满花粉，等到飞出去后再钻到其他马兜铃中使其授粉。

但是，也有困在里面飞不出来的苍蝇。在苍蝇掉落的瞬间，马兜铃的毛会向下伸长使得苍蝇无法出来。经过一定时间后，毛变短才使苍蝇得以飞出。但是，有些来不及飞出的苍蝇就会死在里面。授粉的"小房间"里应该有一大堆苍蝇吧。

生物信息

名字：马兜铃（*Aristolochia debilis*）
分类：木兰纲马兜铃科
生长地：日本本州以南
大小：叶长 3~7 厘米，花直径 2~3 厘米

捕蝇草叶片在连续两次触碰后会瞬间闭合

0.5秒

生物信息

名字：捕蝇草（*Dionaea muscipula*）
分类：双子叶植物纲茅膏菜科
生长地：原产于北美的东部沿岸
大小：高10～15厘米

132

吧嗒！

　　捕蝇草会释放出对虫子充满诱惑力的味道，由于不是欺骗，所以不至于说它们狡猾。但是对虫子来说，捕蝇草的叶子看上去很像花朵。它们会朝捕蝇草翩翩飞来。它们不知道的是，捕蝇草的叶片有着了不得的技能。

　　捕蝇草的中间有被称为感觉毛的小刺，如果连续两次触碰，叶片会在瞬间闭合。虫子被关在叶片中间，经过一周的时间被捕蝇草慢慢消化。

　　食虫植物生长在缺乏氮元素的土地里。它们所需的氮元素通过食用昆虫来摄取。

圆叶茅膏菜散发香甜气味来诱捕虫子

浑身瘫软。

拿不下来了！

圆叶茅膏菜叶子顶部的茸毛顶端散发出甜甜的气味。虫子被这种气味吸引后如果停留在叶子上，就会被粘在

生物信息

名字：圆叶茅膏菜（*Drosera rotundifolia*）
分类：双子叶植物纲茅膏菜科
生长地：北半球的高山、寒地等
大小：高10～20厘米

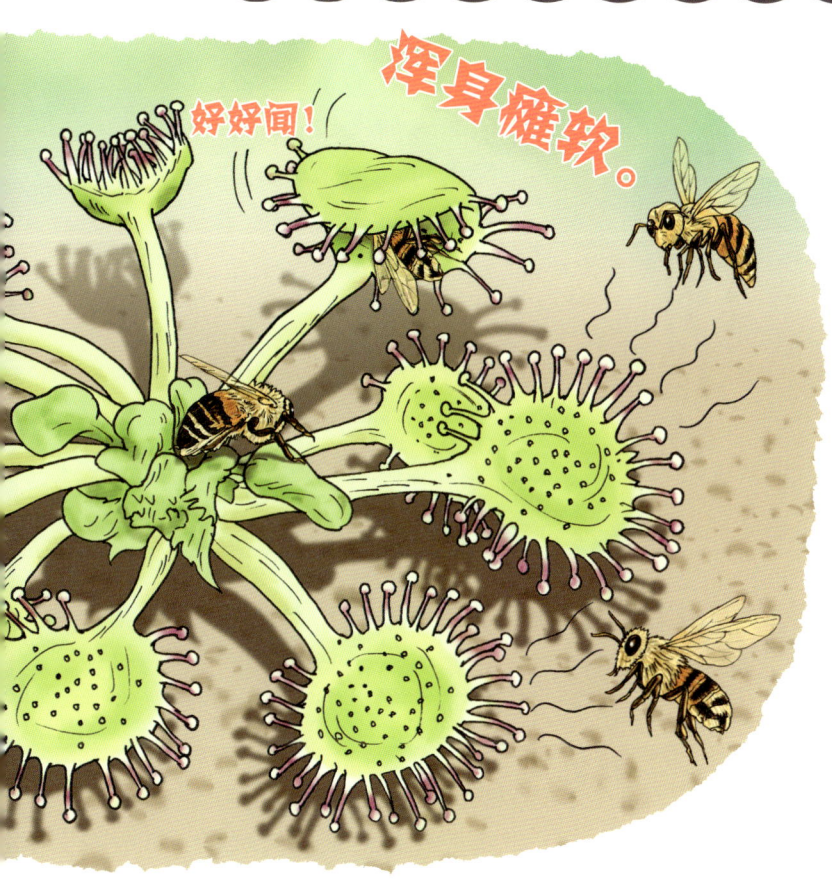

黏液上无法脱身。叶子再慢慢卷曲将虫子包裹起来。

　　这之后，叶子分泌出消化虫子的液体，将其消化殆尽。这种食虫植物通过甜蜜的气味引诱虫子并将其绞杀。

　　圆叶茅膏菜不仅有勺子状的，还有稍显细长的。被细长的圆叶茅膏菜捕获的昆虫，身体会被包裹起来，然后被消化掉。那样子就像被蛇绞杀的鸟儿一样。真是狡猾又可怕。

巨型猪笼草用好闻的气味招引猎物

　　被猪笼草的美好气味诱惑而来的是老鼠们。虽然这气味对人类来说是极其难闻的恶臭，但对老鼠来说却是大餐的味道。不过，老鼠跑到跟前却只能看到一个"大壶"，在它们刚觉得奇怪的瞬间就会掉进去。"大壶"中装满了消化液，老鼠被溺死后，会被酸或酵素溶解，多数情况下连骨头都不剩下。

　　这种巨型猪笼草生长在菲律宾的维多利亚山上1600米左右的地方。那里覆盖着岩石和低矮的树木。它们是2007年被发现的。在那之前只是传说中的神奇植物。

生物信息

名字：巨型猪笼草（阿腾伯勒猪笼草）
　　　（ *N. attenboroughii* ）
分类：双子叶植物纲猪笼草科
生长地：菲律宾巴拉望洲维多利亚山
大小：捕虫器高30厘米、直径16厘米

貉藻看似在水中优雅起舞，捕食猎物却毫不手软

貉藻在水中翩翩起舞，将靠近的淡水枝角水蚤等动物性浮游生物一瞬间缠住。它们生长在除南北美洲外的世界其他地方。

只不过，它们只是顺着水流飘荡，并不会做特别的事情。这个技巧实在妙。

貉藻叶片上的感应毛在触碰到淡水枝角水蚤的一瞬间会让叶片立刻闭合。它们闭合的速度超过了捕蝇草。捕蝇草的感应毛如果不触碰两次叶片就不会闭合，貉藻只要触碰一次叶片就闭合，毫不手软。叶片闭合后随即分泌出消化液，吸取淡水枝角水蚤的养分。

生物信息

名字：貉藻（*Aldrovanda vesiculosa* L.）
分类：双子叶植物纲茅膏菜科
生长地：欧洲、亚洲、非洲、澳大利亚
大小：茎长30厘米

专栏　没有意识

就连橡子也很狡猾，它们到处繁殖

有些植物明明没有意识，看着却好像有

本书中涉及的生物并没有"狡猾"这种意识。特别是植物，它们没有动物特有的本能，别说狡猾，连企图都没有。

但是，在本章中涉及的食肉植物却给人一种故意捕食虫子或小动物的感觉。

它们应该没有意识，却会突然闭合叶子或散发出气味，实在是不可思议。

话说回来，植物以虫子为媒介，靠它们进行传粉、授粉。这一现象也着实让人觉得不可思议。

为什么会进化出如此精巧的技能呢？如果说借助于其他生物的力量，那么它们是怎样做到的呢？是在超乎寻常的几亿年时间里偶然产生的结果吗？不可思议。

这里要介绍的橡子也是如此。

橡子是山毛榉科树木（麻栎、栎、石栎等）的种子。橡子虽然是果实，但是里面也有种子。很多动物都会搬运或储存它们。

松鼠会挖一个 3 厘米的洞将橡子埋入。这个深度刚好可以促进橡子发芽，难道是巧合吗？老鼠会将橡子储存在地下很深的地方，还会储存很多，大概有 50 个。

松鼠

乌鸦

老鼠

被搬运到遥远的地方然后在那里繁衍生息

还有鸟类中的乌鸦。乌鸦将橡子捡起并藏到树叶下。

聪明的乌鸦也被称为"智慧之鸟"。它们靠着自己捡橡子并藏起来的习性得以过冬。入冬后，它们再将橡子翻出来吃掉。

但是，并不是所有橡子都会被翻出来，一部分会留在地下，迎接春天，等待发芽。

乌鸦作为鸟儿，会飞到很远的地方。橡子不仅可以在自己的所在地繁殖，还可以被搬运到遥远的地方，开拓生存范围。

感觉没有企图的橡子，靠着这种方式繁衍生息。虽然什么都没做，却不断繁衍，难道不该说它们很狡猾吗？

但是，这种植物的存在，也促进了动物界的蓬勃发展。松鼠、老鼠、乌鸦等都是以橡子为食生存的。

彼此依靠，相互扶持。不论植物还是动物，它们互相依靠着繁衍兴盛，这就是生态系统。狡猾也是求生的技能。

第 6 章

病毒果然很狡猾

对介于生物和非生物之间的病毒来说，"狡猾"有点言过其实，但寄生在细胞上就是很狡猾！

病毒
进入动物细胞后
会起死回生

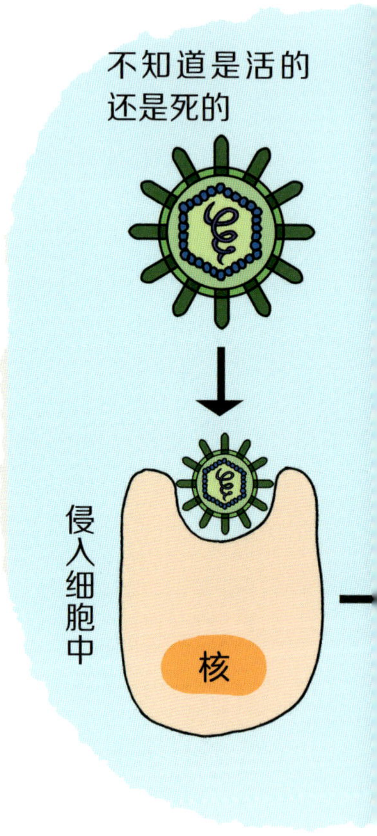

不知道是活的还是死的

↓

侵入细胞中

核

生物信息

名字：病毒（Virus）

分类：病毒

存活地：全世界

大小：大多数为100纳米，也就是0.000001毫米

有学者说病毒并不是生物（是非生物）。因为病毒在空气中（动物细胞外）无法繁殖，且无法自主开展生存活动（进食、排泄等）。

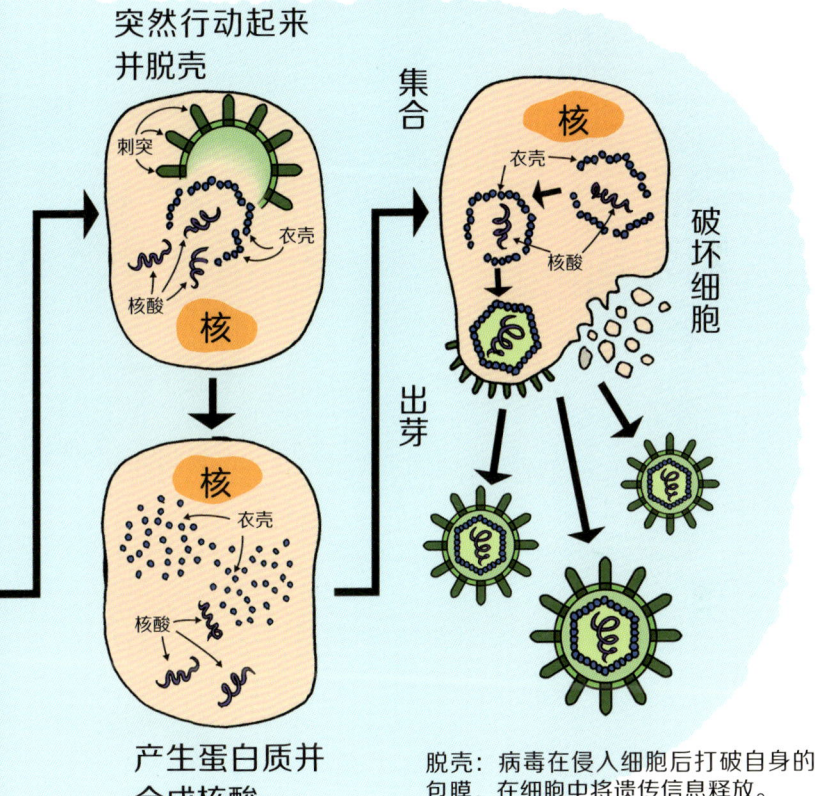

突然行动起来
并脱壳

刺突

衣壳

核酸

核

集合

核

衣壳

核酸

破坏细胞

出芽

产生蛋白质并
合成核酸

衣壳

核酸

核

脱壳：病毒在侵入细胞后打破自身的包膜，在细胞中将遗传信息释放。

　　所以，它们和死了没有区别。有生命的个体会自主进食并繁衍后代。

　　病毒在外界无法生存，但是只要一进入动物细胞中，就可以繁殖出很多相同的个体。

　　有时，它们会将细胞破坏，进而变成寄生的"生物和非生物"的中间状态。

蝙蝠感染**埃博拉病毒**没事，人感染就容易死亡

攻击

生物信息

名字：埃博拉病毒（Ebola virus）
分类：丝状病毒
存活地：以非洲为中心的地域
大小：平均970纳米

埃博拉病毒是非常危险的病毒。治疗不及时的话会有80%～90%的死亡率。

但是，埃博拉病毒并不会使它的自然宿主——

146

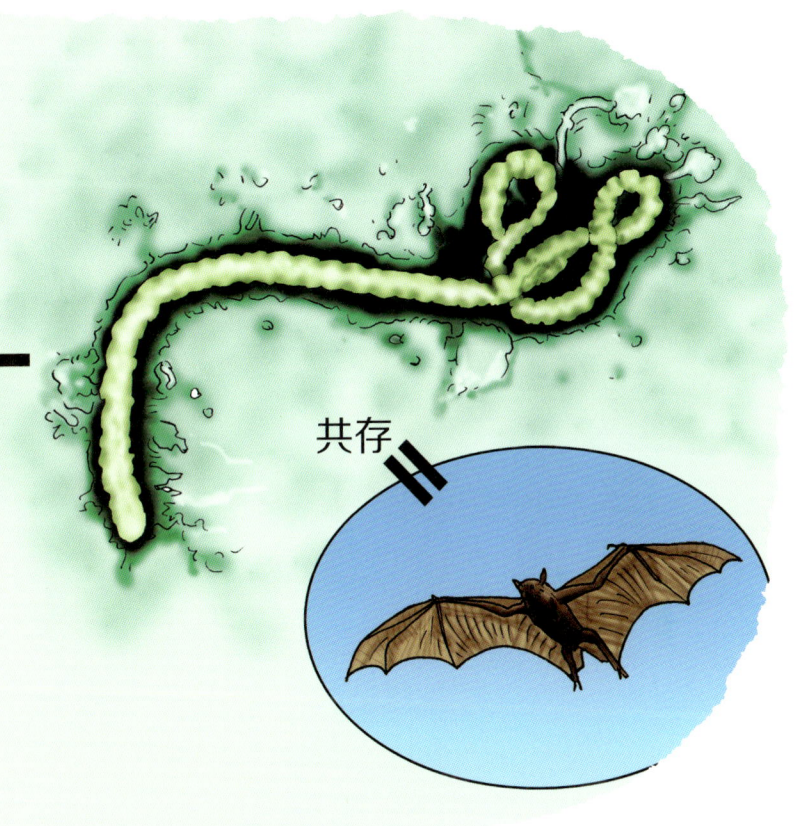

共存

蝙蝠生病。自然宿主是本来就携带某种病毒的生物。也可以说蝙蝠和病毒共存。

但是，人就不同了。人感染埃博拉病毒后，症状非常强烈，很多人不久就去世了，死亡率高。因此还没等大范围传染，这种病毒就在一个区域销声匿迹了。结局是埃博拉病毒和人类共同倒下。

新型冠状病毒通过人传人得以存活

增殖

新型冠状病毒的一个特点是无症状感染。感染者即使携带了病毒也可能没有症状，所以会在不知不觉中感染其他人。

生物信息

名字：新型冠状病毒（Noval Coronavirus）

分类：冠状病毒科

存活地：全世界

大小：100纳米

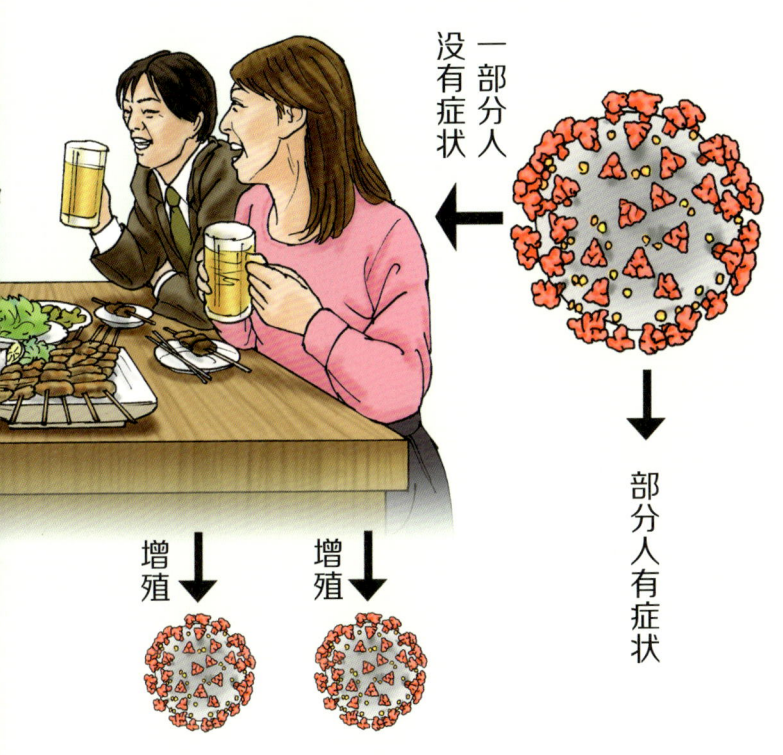

一部分人
没有症状

部分人有症状

增殖

增殖

　　但是，这就是这种病毒的生存技巧。如果感染者立即生病并死去，病毒也会死去。病毒如果不使感染者继续传染别人的话就无法继续生存。真是太狡猾了。

　　有时，被感染者会死去。可能这对病毒来说是意料之外的事情。实际上对它们来说，感染者全部活着，将病毒扩散出去才称心如意。

流感病毒变异很快，
应对难度有点大

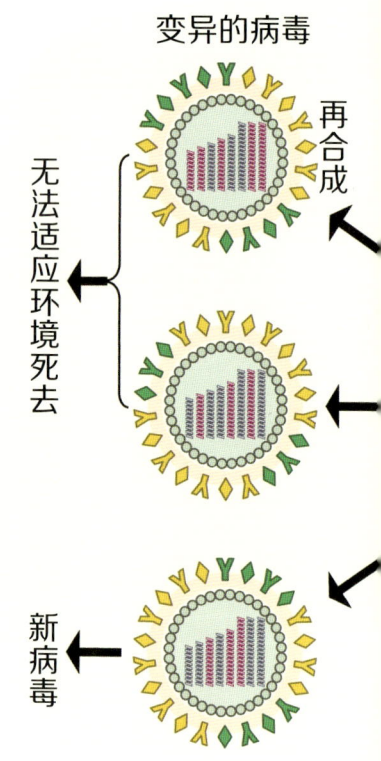

变异的病毒

再合成

无法适应环境死去

新病毒

比新型冠状病毒变异能力更强的是流行性感冒病毒（简称"流感病毒"）。它们虽然被分类为负链RNA，却是由正链RNA

生物信息

名字：流行性感冒病毒（Infulenza Virus）
分类：正黏液病毒科
存活地：全世界
大小：多数为80～120纳米

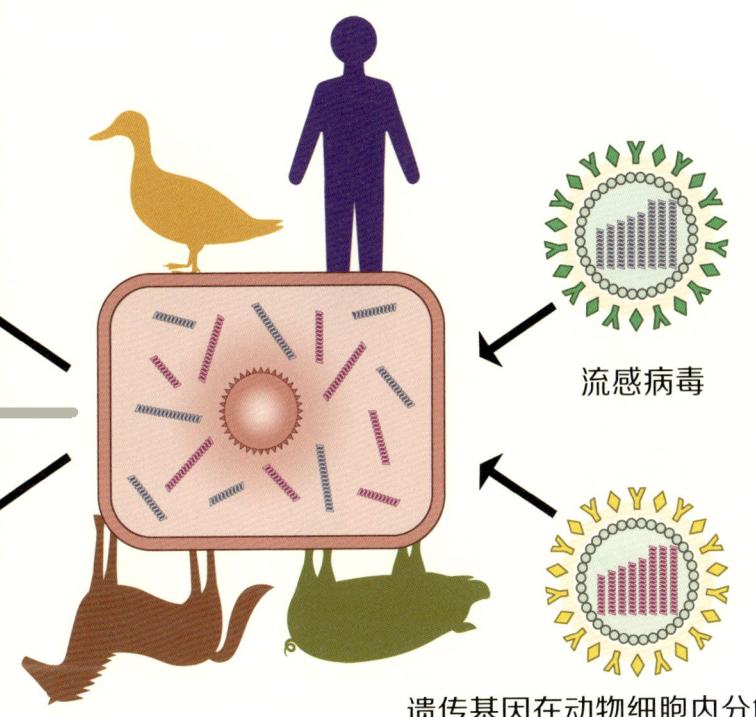

流感病毒

遗传基因在动物细胞内分解

的冠状结构变异而来。

　　变异方式不尽相同的一些流感病毒会侵入动物的细胞。在细胞内它们的遗传基因被分解，再合成时就变成了不同的病毒。

　　流感病毒在一个季度可以多次变异，所以流感病毒的疫苗是经过预测后才生产出来的。因此，一旦预测错了就没有效果。

拟菌病毒居然和细菌一般大

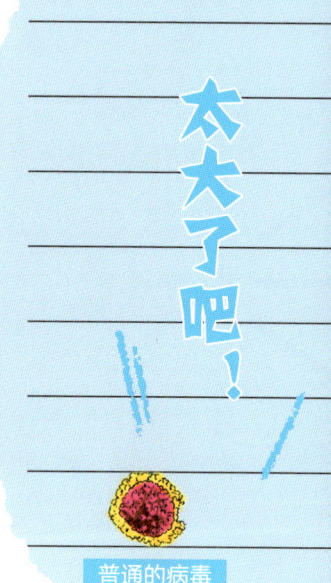

太大了吧！

普通的病毒

生物信息

名字：拟菌病毒（Mimivirus）
分类：拟菌病毒科
存活地：发现地为英国的布拉德福德
大小：800纳米

普通病毒一般直径有 100 纳米，约为一千万分之一米。但是，拟菌病毒直径有 80 纳米，大小和细菌几乎相同。

这种病毒在刚被

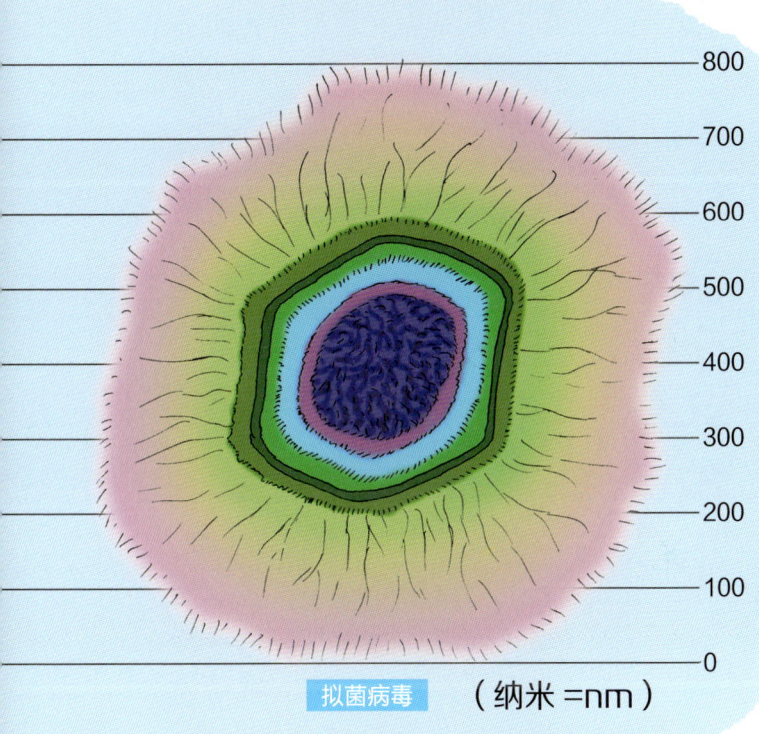

800
700
600
500
400
300
200
100
0

拟菌病毒　（纳米 =nm）

发现时被当成细菌，并被命名为"布拉德福德球菌"。但是，如果真是细菌就会有生产蛋白质的遗传基因，它们却没有，由此人们才知道它们其实是病毒。这种病毒有着让人费解的名字——拟菌病毒。这个名字来自表示"模仿"的英文"mimic"。它们很像细菌，所以叫拟菌病毒。尽管如此，随意地将其误以为是细菌的还是人类吧。

诺如病毒个头很小，感染性却很强

诺如病毒在病毒中个头非常小，但是感染力却不可小觑。人如果被这种病毒感染，会患急性肠胃炎，持续数日反复出现呕吐及腹泻的症状。这其中也有症状严重者，甚至有极少数人会失去性命。

诺如病毒的感染路径是感染者的吐泻物（通过呕吐和腹泻排出的废物）。这些吐泻物如果通过河水流入大海，可藏到牡蛎等双壳贝中。然后，和双壳贝一起静静等待被人类吃掉。人类如果吃掉它们，就会引起食物中毒，诺如病毒则得以继续繁殖。

生物信息

名字：诺如病毒（Norovirus）
分类：杯状病毒科
存活地：全世界
大小：30～38纳米

按兵不动！

专栏　也存在有益的病毒

也许是病毒促进了人类的进化

从西班牙大流感时代起，很多人的生命被病毒夺走。西班牙大流感的起因就是流感，保守估计有 2500 万人因此而丧生。

另外，由人体免疫缺陷病毒（HIV）而引发的艾滋病到现在也已经造成了上千万人的死亡。

新型冠状病毒也已经夺去了很多人的生命。

世界经济陷入大萧条，人们之间的交流被阻断，人们的生活也因此发生巨大变化。

能够引起如此多人死亡的罪魁祸首是病毒。它们对人类来说是麻烦的存在。但是，也许并不是所有病毒都对人类产生了坏的影响。

促使人类胎盘生成的病毒

　　婴儿是在人的肚子里孕育出来的，不像鸟儿和昆虫那样通过卵孵化出来。妊娠后，女性的体内会长出胎盘。在哺乳动物中，除了袋鼠和鸭嘴兽，其他几乎都是会长胎盘的"有胎盘类"。

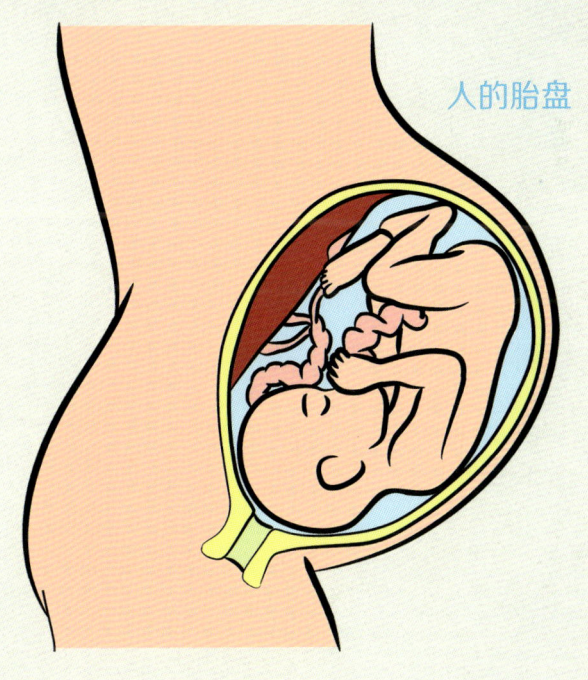

人的胎盘

有了胎盘，就可以在腹中孕育宝宝，并使其大脑发育到一定程度，也能避免像卵那样被天敌盯上再吃掉的危险。

哺乳动物胎盘的进化与病毒有一定关系。

有一种名为合胞素（Syncytin）的遗传基因。胎盘周围有层薄膜，就是由合胞素细胞生成，它存在的目的是为了避免母体和胎儿的血混合。通过这层膜，母体可以为胎儿提供营养和氧气。

这种合胞素细胞是由合胞素遗传基因生成的蛋白质。合胞素遗传基因在很久以前是病毒的遗传基因。这种病毒具有病毒包膜，生成病毒包膜的蛋白质的遗传基因就是合胞素遗传基因。

合胞素遗传基因逐渐进化后，变成了现在的状态。像这样，在可以孕育人类的胎盘上，病毒的遗传基因曾十分活跃。

人类的进化也许是由病毒造成的

现在，病毒并不被承认为是一种生物。但是，被称为"世界上最大的花"的大王花，却和病毒一样寄生在宿主身上。它们和病毒一样，缺少一部分遗传基因，借用宿主的一部分遗传基因得以生存。

或许即使缺失一部分功能，也可以作为生物存在。所有的生物彼此扶持。寄生的病毒虽然给人类带来危害，可能也推动了人类的进化。

正如寄生植物大王花是世界上最大的花一样，病毒也许是推动世界进化的最大原因。

巨大的寄生植物——
大王花

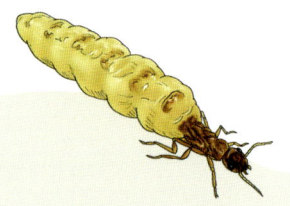

后记

　　本书第 6 章特别介绍了病毒。新型冠状病毒在全世界蔓延，我们想这也许是一个思考病毒到底是什么的契机。

　　病毒虽然是介于生物和非生物之间的一种物质（有学者称病毒是非生物，也有主张它们是生物的），它们的繁殖能力却十分惊人。

　　另外，本书还介绍了食肉植物。它们生活在贫瘠的土地上，由于无法从土地中摄取营养，它们便从虫子等小动

物身上摄取营养。食肉植物拥有不输于动物和其他植物的生存能力。

通过气味来吸引猎物、假扮成花朵、设置陷阱，这些都是生物厉害的能力。

所有生物都拥有优秀的技能。正因如此，它们得以生存下来。食肉植物和病毒也不例外，和人类一样，它们是地球的一部分。

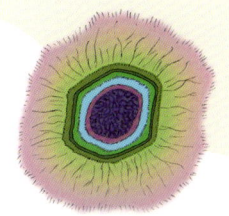

图书在版编目（CIP）数据

狡猾的生物 /（日）今泉忠明编；郑鑫瑜译 . —长沙：湖南科学技术出版社，2024.5
（趣奇生物研究所）
ISBN 978-7-5710-2355-3

Ⅰ . ①狡… Ⅱ . ①今… ②郑… Ⅲ . ①生物 – 普及读物 Ⅳ . ① Q1–49

中国国家版本馆 CIP 数据核字（2023）第 139505 号

もっとずるいいきもの図鑑
監修：今泉忠明

Motto Zurui ikimono zukan.Copyright © 2020 Tadaaki Imaizumi.Original Japanese edition published by Takarajimasha, Inc.Chinese simplified character translation rights arranged with Takarajimasha, Inc.Through Shinwon Agency Beijing Representative Office, Beijing.Chinese simplified translation rights © 2024 by Hunan Science&Technology Press.
著作权合同登记号 18-2024-138

JIAOHUA DE SHENGWU
狡猾的生物

编　者：［日］今泉忠明
绘　者：［日］森松辉夫
译　者：郑鑫瑜
出版人：潘晓山
责任编辑：李　霞　杨　旻
责任美编：刘　谊
出版发行：湖南科学技术出版社
社　址：长沙市芙蓉中路一段 416 号
　　　　泊富国际金融中心
网　址：http://www.hnstp.com
湖南科学技术出版社天猫旗舰店网址：
　　　　http://hnkjcbs.tmall.com
邮购联系：本社直销科 0731-84375808

印　刷：长沙玛雅印务有限公司
　　　（印装质量问题请直接与本厂联系）
厂　址：长沙市雨花区环保中路188号
　　　　国际企业中心1栋C座204
邮　编：410000
版　次：2024 年 5 月第 1 版
印　次：2024 年 5 月第 1 次印刷
开　本：880mm×1230mm　1/32
印　张：5.5
字　数：136 千字
书　号：ISBN 978-7-5710-2355-3
定　价：58.00 元

（版权所有·翻印必究）